普通高等教育公共基础课系列教材·计算机类

# C语言程序设计
## ——从问题分析到程序实现

主　编　王海荣　徐东燕　刘　淼

主　审　保文星　冯　锋

科学出版社

北　京

# 内 容 简 介

本书分程序设计概述篇、基础语法篇和问题求解篇，共十一章，在内容编排上注重易用性。每章开头都给出了知识要点，帮助读者了解学习的重点，设置了扩展的思考问题，引导读者多角度地分析问题、解决问题。本书的核心内容为基础语法篇和问题求解篇。基础语法篇主要突出 C 语言的语法规则和语句结构；问题求解篇引入实际问题，从问题求解过程的分析到使用 C 语言实现算法，由浅及深地引导读者掌握 C 语言的精髓。

本书既可作为高等院校程序设计语言基础课程的教材，也可供使用 C 语言或对 C 语言感兴趣的相关人员阅读。

**图书在版编目(CIP)数据**

C 语言程序设计：从问题分析到程序实现/王海荣，徐东燕，刘淼主编. —北京：科学出版社，2021.10

（普通高等教育公共基础课系列教材·计算机类）

ISBN 978-7-03-069937-4

Ⅰ．①C… Ⅱ．①王… ②徐… ③刘… Ⅲ．①C 语言-程序设计-高等学校-教材 Ⅳ．①TP312.8

中国版本图书馆 CIP 数据核字（2021）第 194419 号

责任编辑：徐仕达 吴超莉 / 责任校对：赵丽杰
责任印制：吕春珉 / 封面设计：东方人华平面设计部

*科学出版社* 出版
北京东黄城根北街 16 号
邮政编码：100717
http://www.sciencep.com

北京中科印刷有限公司印刷
科学出版社发行 各地新华书店经销
*

2021 年 10 月第 一 版 开本：787×1092 1/16
2024 年 7 月第三次印刷 印张：15 1/4
字数：362 000
定价：48.80 元
（如有印装质量问题，我社负责调换）
销售部电话 010-62136230 编辑部电话 010-62135397-2040

# 前　言

程序设计的目的是使用计算机辅助人类解决生产、生活中的实际问题，其核心是算法。算法是解决问题的方法和步骤，程序设计语言是一组用来定义计算机程序的语法规则。20 世纪 60 年代以来，世界上公布的程序设计语言已达上千种，但被广泛应用的只有其中很小一部分，其中 C 语言是目前排名前三的高级程序设计语言。"C 语言程序设计"作为一门十分重要的专业基础课，在国内各层次院校中的计算机类、电子信息类等相关专业开设，其重要性体现在引导读者掌握通过编写程序驱动计算机辅助人们解决问题的技能。

本书围绕 C 语言的基本语法及应用场景展开，从实际问题分析入手，引导读者建立程序设计思维，通过源代码解读让读者掌握 C 语言的语法和语句结构。全书由浅入深，从问题分析到程序实现，注重培养读者分析问题、解决问题的能力，具有如下特色。

（1）以实际问题的解决方法为切入点，进行算法设计与分析，引导读者理解使用计算机求解问题的一般流程。

（2）采用不同的算法描述工具，让读者掌握算法描述的常用方法。

（3）书中的案例书写规范，核心语句使用注释，以此来引导读者养成良好的程序书写习惯。

（4）在章节中设置了扩展的思考问题，引导读者思考并探索问题的不同求解方法，培养其深入思考、主动探索的意识，以及分析问题、解决问题的能力。

（5）各章节的核心内容插入了微课，可以辅助读者通过视频学习，更好地理解和掌握知识点，也可以更好地支持以学生为中心的教学改革。

（6）将编者多年的教学经验及成果融入教材，引入易于理解、趣味性强的例子，以由浅入深、由点到线再到面的方式逐步展现 C 语言语法的奥妙，激发读者的学习兴趣。

（7）为了辅助教学和学习，本书配套了多媒体课件、程序源码、习题参考答案，附录中提供了常用字符的 ASCII 码、C 语言关键字、库函数等，便于读者在使用 C 语言时快速查阅。此外，本书还包含了一个 C 语言编写的软件系统，以辅助读者理解 C 语言在实际场景下的应用，通过复现、调试软件系统，更好地掌握 C 语言的知识点。

本书由王海荣、徐东燕、刘淼担任主编。其中，第 1～4 章及附录由王海荣编写，第 5～7 章由刘淼编写，第 8～11 章由徐东燕编写。此外，程序设计语言课程组的教师、助教参与了书稿的校对工作。北方民族大学保文星教授和宁夏大学冯锋教授在百忙之中审阅了全部书稿，并提出了宝贵意见和建议。在此对他们的辛勤付出表示衷心的感谢。

因编者水平有限，书中难免存在不足之处，欢迎广大读者提出意见和建议，以便及时更正（邮箱：bmdwhr@163.com）。

编　者

2021 年 4 月

# 目　录

## 第 1 篇　程序设计概述

# 第2篇 基础语法

# 第3篇　问题求解

# 第 1 篇
# 程序设计概述

# 第1章 高级程序设计语言概论

## 知识要点

➢ 程序设计语言的基本概念。

➢ 程序设计语言与软件之间的关系。

➢ 高级程序设计语言的特点。

➢ 主流的高级语言及其各自的语法特点。

程序设计语言是用于书写计算机程序的语言，主要包含语法、语义和语用三个要素。语法指由程序语言的基本符号组成程序中的各个语法成分（包括程序）的一组规则，语义是程序语言中按语法规则构成的各个语法成分的含义，语用表示了构成语言的各个记号和使用者的关系，涉及符号的来源、使用和影响。高级程序设计语言（也称高级语言）不再过度依赖某种特定的机器或环境，其优点是易于理解、编写程序的效率更高、更容易移植。

## 1.1 软件与程序设计语言

### 1.1.1 软件概述

软件是计算机系统中与硬件相互依存的一部分，它是程序、数据及其相关文档的完整集合。目前通俗的定义为

$$软件=程序+数据+文档资料$$

其中，程序是指令序列，数据是程序运行的基础和操作的对象，文档是与程序开发、维护和使用有关的图文材料。

自第一台通用计算机诞生以来，软件的发展经历了三个阶段。

**1. 程序设计时代（1946—1956 年）**

采用"个体生产方式"，即软件开发完全依赖程序员个人的能力水平。

**2. 程序系统时代（1956—1968 年）**

由于软件应用范围及规模不断扩大，个体生产方式已经不能满足软件生产的需要，一个软件需要由几个人协同完成，此阶段采用"生产作坊"的方式。

到该阶段后期，随着软件需求量、规模及复杂度的增大，生产作坊的方式已经不能满足软件生产的需要，于是出现了所谓的"软件危机"。

**3. 软件工程时代（1968年至今）**

软件工程时代为了克服软件危机（software crisis），满足软件发展的需要，采用了"工程化的生产"方式。软件危机指软件开发和维护过程中所遇到的一系列严重问题。

20世纪60年代，由于软件需求量增大，软件的规模越来越大，复杂度不断增加，而软件开发是一种高密集度的脑力劳动，软件开发的模式、技术不能满足软件发展的需要，致使大量低劣的软件涌向市场，还有一些软件花费了大量人力、财力，却在开发过程中夭折。由于软件危机的产生，人们不得不研究、改变软件开发的技术手段和管理方法。至此，软件生产进入了软件工程时代。软件工程时代的硬件已向巨型化、微型化、网络化、智能化发展，数据库技术已成熟并被广泛应用，第三代和第四代语言出现。

### 1.1.2 软件生命周期

如同任何其他事物一样，软件也有一个孕育、诞生、成长、成熟、衰亡的生存过程。一般来说，软件生命周期是指软件的产生直到停止使用的生命周期。在软件生命周期中，开发过程通常包括四个阶段：分析、设计、实现、测试与运行维护。每个阶段又可进一步划分成若干任务，如图1-1所示。

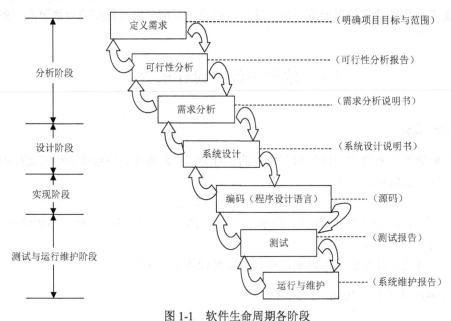

图1-1　软件生命周期各阶段

**1. 分析阶段**

分析阶段的主要任务是由系统分析员定义需求，确定系统的实现目标。该阶段要清晰地划分软件的使用者（用户），由用户提出软件的要求，在此基础上分析员准确定义系统的需求，选择适当的方法及工具来描述需求。

## 2．设计阶段

设计阶段由开发人员将分析阶段的系统需求转换成软件系统结构，该体系结构中包含与系统需求对应的模块设计。设计阶段主要包含总体设计和详细设计两部分。总体设计主要完成软件的结构设计，即确定程序由哪些模块组成及模块间的关系。详细设计则针对每个模块描述该模块的处理过程，即该模块的控制结构、处理流程等，并使用相应的算法描述工具来表示该过程。

## 3．实现阶段

实现阶段又称为编码阶段，其任务是按照选定的程序设计语言，把模块的过程性描述翻译为源码。

## 4．测试与运行维护阶段

测试是保证软件质量的重要手段，设计测试用例检验软件是否达到预定的要求。测试分为单元测试、集成测试和确认测试。

软件维护是软件生命周期中时间最长的一个阶段，已交付的软件投入使用后，便进入维护阶段。该阶段的任务是通过各种必要的维护活动使系统持久地满足用户的需要。

### 1.1.3　程序设计语言概述

计算机程序是一组机器操作的指令或语句的序列。程序设计语言通常简称为编程语言，是一组用来定义计算机程序的语法规则。它是一种被标准化的交流技巧，用来向计算机发出指令。指令是能被计算机直接识别与执行的、指示计算机进行某种操作的命令。CPU 每执行一条指令，就完成一个基本运算。

目前来看，程序设计语言与计算机是共存的。然而，程序设计语言的诞生似乎比计算机更早些。在发明计算机的 100 年前，便出现了历史上第一位程序员——Ada Lovelace。她在 1842—1843 年耗时九个月，将意大利数学家 Luigi Menabrea 关于查尔斯·巴贝奇新发表机器分析机的回忆录翻译完成。她在译后附加的一个分析机计算伯努利数方法的细节，被部分历史学家认为是世界上第一个计算机程序。20 世纪 60 年代以来，世界上公布的程序设计语言已达上千种，但被广泛应用的只有其中一小部分。图 1-2 显示了世界编程语言排行榜前 20 名（2021 年 1 月）的热门语言。

纵观程序设计语言的发展史，程序设计语言大致可分为五代。

第一代语言（1GL，机器语言）：20 世纪 50 年代中期以前，人们使用的是机器语言。机器语言是用二进制代码表示的计算机能直接识别和执行的一种机器指令的集合。

第二代语言（2GL，汇编语言）：从 20 世纪 50 年代中期开始，为了克服机器语言的缺点，人们将机器指令的代码用英文助记符（如 ADD 表示加，SUB 表示减，JMP 表示程序跳转等）来表示，使用助记符号的语言就是汇编语言，又称符号语言。

第三代语言（3GL，高级语言）：人们从 20 世纪 60 年代开始使用高级语言。高级语言是面向用户、高度封装的过程化编程语言。其最大优点是易学易用，通用性强，应用广泛。高级语言的发展也经历了从早期语言到结构化程序设计语言，再到面向对象编程语言的过程。至今仍被广泛应用的 C 语言就是面向过程的结构化程序设计语言的典型代表，Java、Python、C++是主流的面向对象编程语言。

| 2021年1月 | 2020年1月 | 变化 | 编程语言 |
|---|---|---|---|
| 1 | 2 | ∧ | C 语言 |
| 2 | 1 | ∨ | Java |
| 3 | 3 | | Python |
| 4 | 4 | | C ++ |
| 5 | 5 | | C # |
| 6 | 6 | | Visual Basic |
| 7 | 7 | | JavaScript |
| 8 | 8 | | PHP |
| 9 | 18 | ∧ | R 语言 |
| 10 | 23 | ∧ | Groovy |
| 11 | 15 | ∧ | 汇编语言(Assembly language) |
| 12 | 10 | ∨ | SQL |
| 13 | 9 | ∨ | Swift |
| 14 | 14 | ∧ | Go 语言 |
| 15 | 11 | ∨ | Ruby |
| 16 | 20 | ∧ | MATLAB |
| 17 | 19 | ∧ | Perl |
| 18 | 13 | ∨ | Objective-C |
| 19 | 12 | ∨ | Delphi/Object Pascal |
| 20 | 16 | ∨ | Classic Visual Basic |

图 1-2　2021 年 1 月世界编程语言排行榜前 20 名的热门语言

第四代语言（4GL，面向问题的语言）：面向问题的语言是非过程化的语言，主要解决特定的问题，其关心的是程序要完成的是什么任务（如数据库系统中的查询语言 SQL、CSS 等），而第三代语言的核心是过程及一个程序是怎样完成一个特定的任务。

第五代语言（5GL，自然语言）：合成了人工智能技术，允许计算机直接与人类交流，这一代语言可以让计算机像人一样学习和处理新的信息，而不是由人输入特定的命令来编码，人们可以使用某种自然语言直接与计算机交流（如 mercury、prolog、OPS5 等）。目前，第五代语言的定义已经延伸，还包括可视化编程语言。可视化编程语言提供了直观的图标、菜单和绘制工具来创建程序代码。

## 1.2　面向过程语言——C 语言

20 世纪 70 年代以来，在结构化程序设计和软件工程思想的影响下，出现了一批较有影响的面向过程语言，其支持结构化的控制结构，以"数据结构+算法"的程序设计范式构成。C 语言就是面向过程语言的突出代表，它经久不衰，自 2002 年至今，始终位于世界编程语言排行榜前 5 名。

C 语言知识图谱

C 语言具有较强的表达能力和处理能力，包含丰富的数据类型和运算符，能够实现各类复杂的数据结构。此外，使用 C 语言的三大结构（顺序结构、选择结构、循环结构）可以实现各类问题的多种算法。

一般来说，"数据结构"和"算法"是程序设计的两大要素。使用计算机来解决应用问题，首先，要将解决问题的方法和步骤抽象成算法；然后，调用程序设计语言定义数据，实现算法，求得结果。

算法是对求解问题的方法和步骤的一种描述，通常可使用自然语言、流程图、盒图和伪码的方式来描述。

### 1.2.1　一个简单的 C 语言程序

【例 1-1】求圆柱体的体积。

【解题思路】（算法描述-自然语言描述方法）

第一步：定义 π（π=3.1415926）。

第二步：输入圆的半径 r 和高 h。

第三步：调用求圆柱体体积公式（圆柱体体积=π×r×r×h）计算结果 V。

第四步：输出 V。

【程序代码】

通过上述算法分析，可以明确解决问题的一般思路，为实现通过计算机求解并输出结果，下一步便是将算法转换成程序，即用程序设计语言实现算法描述的问题。使用 C 语言实现的源码（.c 文件）如下：

```
1   #include<stdio.h>              /*文件包含，编译预处理命令*/
2   #define PI 3.1415926           /*定义符号常量 PI，相当于公式中的 π */
3   float Volm(float r, float h)   /*定义实型函数 Volm，计算体积*/
4   {float r,h;                    /*定义两个实型变量，r 为半径，h 为高*/
5   float x;                       /*定义实型变量 x*/
6   x=PI*r*r*h;                    /*求圆柱体体积并赋值给变量 x*/
7   return x; }                    /*返回 x 值*/
8   main()                         /*定义主函数*/
9   {float Radius,Height,Volume;
10  scanf("%f%f",&Radius,&Height);      /*输入半径和高*/
11  Volume=Volm(Radius,Height);         /*调用 Volm 函数求圆柱体体积*/
12  printf("Volume of cylinder is :%f\n",Volume); /*输出圆柱体的体积*/
13  }
```

【例程分析】C 语言基本语法结构。

1）预编译处理

C 程序通常由带有#号的编译预处理#include<*.h>语句开始，预处理指在进行词法扫描和语法分析之前所做的工作，当对一个源文件（如.c 文件）进行编译时，系统将自动引用预处理命令。C 语言提供的预处理功能主要包括文件包含、宏定义和条件编译三种。

（1）文件包含的一般形式为

```
#include <文件名>
```

或

```
#include "文件名"
```

文件包含命令的功能是把指定包含的文件插入该命令行位置取代该命令行，从而把指定包含的文件和当前源程序连成一个源文件。例 1-1 中的#include<stdio.h>为文件包含命令，其作用是调用库函数 "stdio.h" 中的输入函数（scanf）和输出函数（printf）。一个 include 命令只能指定一个包含文件，当在一个程序中调用多个文件时，则需要使用多个 include 命令。

（2）宏定义指用一个指定的标识符来代表一个字符串，其一般形式为

```
#define 标识符 值
```

例 1-1 中的#define PI 3.1415926（第 2 行）相当于将 π 预定义为一个常量 PI=3.1415926，在编译预处理时，将程序中该命令后的所有 PI 都用 3.1415926 代替。

（3）条件编译可以按照条件选择源程序中的不同语句参加编译，因而产生不同的目标代码文件。这种操作对于程序的移植和调试非常有用。条件编译有 3 种形式，如表 1-1 所示。

表 1-1　条件编译的 3 种形式

| 第一种 | 第二种 | 第三种 |
| --- | --- | --- |
| #ifdef 标识符<br>　程序段 1<br>#else<br>　程序段 2<br>#endif | #ifndef 标识符<br>　程序段 1<br>#else<br>　程序段 2<br>#endif | #if 常量表达式<br>　程序段 1<br>#else<br>　程序段 2<br>#endif |
| 如果标识符被#define 命令定义过，则对 "程序段 1" 进行编译，否则编译 "程序段 2" | 与第一种相反，标识符没有被#define 命令定义过则编译 "程序段 1"，否则编译 "程序段 2" | 如果常量表达式的值为真（非 0），则编译 "程序段 1"，否则编译 "程序段 2" |

2）函数（模块化设计）

模块化设计体现了一种 "分而治之" 的思想，在结构化程序设计中，模块化设计由函数实现，函数是 C 语言中模块化程序设计的最小单位。当代表同一操作的语句段在同一程序中多次出现时，程序结构就会变差。为了避免重复劳动，精简程序结构，减少程序录入错误，将重复调用的程序段独立出来设计成一个函数（如例 1-1 中的第 3 行 float Volm(float r, float h)为函数声明），然后在主程序中直接通过函数名进行函数调用（如例 1-1 中的第 11 行 Volume=Volm(Radius, Height)为函数调用），实现相应模块功能。

每个 C 程序有且只有一个 main()函数（例 1-1 中的第 8 行）。C 语言有着丰富的函数库，程序设计时可直接调用或自定义函数来简化编程工作量，便于阅读和理解。

C 语言中函数定义的语法格式如下：

```
函数类型 函数名([形式参数列表])
{
    函数体
}
```

注：形式参数代表函数的自变量类型，多个参数之间用逗号分隔。

3）数据类型

程序处理的对象是数据，在 C 程序中，所处理的数据依据其特点都对应一个确定的、

具体的数据类型。对数据进行处理之前必须先存放在内存中，不同类型的数据在内存中的存放格式是不同的，即不同类型的数据所占内存长度不同，数据的表达形式也不同。

在 C 语言中，数据类型可分为基本类型、构造类型和指针类型，如图 1-3 所示。

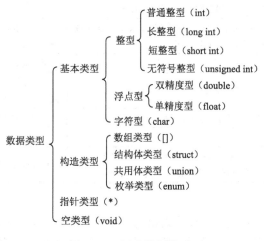

图 1-3　C 语言数据类型

数据在内存中有两种表示形式，即常量和变量。常量指在程序运行过程中其值保持不变的量；变量指在程序运行过程中其值可发生变化的量，所有的变量（如例 1-1 中的 x、r、h）在使用前都要先定义。

在 C 程序中，一般的常量可以不用说明而直接引用，符号常量（用标识符代表一个常量）在使用前必须先定义。

符号常量的定义形式如下：

```
#define 标识符   值常量    /*符号常量的定义*/
```

例 1-1 中第 2 行 π 的定义 #define PI 3.1415926 为符号常量的定义。

在 C 程序中，变量在使用前必须加以说明。一条变量说明语句由数据类型和其后的一个或多个变量名组成。变量名实际上是以一个名字对应一个地址的，在对程序编译连接时，由编译系统为每一个变量名分配对应的内存地址。从变量中取值实际上是通过变量名找到相应的内存地址，从该存储单元中读取数据。

变量的定义形式如下：

```
数据类型 变量名列表；    /*多个同类型变量间用逗号分隔*/
```

例 1-1 中第 4 行 "float r, h;" 为变量定义，其中 r 和 h 是两个浮点类型的变量。

4）运算符与表达式

例 1-1 中圆柱体的体积计算公式是 V=π×r×r×h（其中 V 为圆柱体体积，r 和 h 为圆柱体的底面半径和高）。在 C 程序中，使用第 6 行的 "x=PI*r*r*h;" 语句完成计算。其中：PI*r*r*h 是一个算术表达式，用于计算圆柱体体积，式中的 PI、r、h 是操作数，*为运算符。C 语言中的表达式由运算符和操作数组成，C 运算符如表 1-2 所示。

表 1-2　C 运算符

| 运算符类型 | 运算符 | 功能及特性 |
|---|---|---|
| 算术运算符 | *（乘）、/（除）、%（求余）（优先级高）<br>+（加/取正）、-（减/取负）、++（自增1）、--（自减1） | 基本算术运算，自左向右运算（左结合性） |
| 关系运算符 | <（小于）、>（大于）、<=（小于或等于）、>=（大于或等于）、==（等于）、!=（不等于） | 比较运算，为双目运算，其值为布尔类型，即真（1）或假（0） |
| 逻辑运算符 | !（逻辑非）、&&（逻辑与）、||（逻辑或） | 逻辑运算表达式值为布尔类型 |
| 条件运算符 | 条件?表达式1:表达式2 | 三目运算，条件为真则执行表达式1，为假则执行表达式2 |
| 赋值运算符 | 简单赋值（=）、复合算术赋值（+=、-=、*=、/=、%=） | 将右边的值赋给左边的变量 |
| 指针运算符 | *、& | *取变量地址的值，&取变量的地址 |
| 其他运算符 | 位操作运算符、逗号运算符、位操作运算符、求字节数运算符及用于完成特殊任务的运算符（括号()、下标[]等） | 进行按位运算及顺序运算等 |

5）语句

C 语言的语句可分为五类：表达式语句、函数调用语句、控制语句、复合语句和空语句。语句是组成程序的基本单元，每一条语句都用来完成一个特定的操作。

C 语言中的常用语句如下。

- 赋值语句：变量=表达式。
- 复合语句：将若干连续的语句（语句中间用分号隔开）用一对大括号{}括起来，就构成复合语句，复合语句被系统视为一条语句。
- 输入语句：如例 1-1 中第 10 行输入两个变量值"scanf("%f%f",&Radius ,&Height);"。
- 输出语句：如例 1-1 中第 12 行，输出结果"printf("Volume of cylinder is :%f\n", Volume);"。
- 函数调用：如例 1-1 中第 11 行"Volume=Volm(Radius,Height);"。

### 1.2.2　C 语言的程序基本结构

从程序的执行流程看，程序可分为三种基本结构：顺序结构、选择结构和循环结构。

（1）顺序结构：程序执行呈直线型，从第一条语句开始，依次向下执行各条语句。

（2）选择结构：根据不同情况选择不同处理的执行过程。

在 C 语言中，主要有两种基本的选择结构。

① if…else 型。

```
if(表达式)
    语句1;
else
    语句2;
```

② switch 型。

```
switch(表达式)
{ case 常量表达式1:
      语句组1;
      break;
  case 常量表达式2:
```

```
        语句组 2;
        break;
    ...
    default:
        缺省语句组;
}
```

（3）循环结构：主要用于解决当符合某个特定条件时需要重复执行某一操作的问题。C 语言主要包含三种循环结构。

① while 型。

```
while(表达式)
{
    循环体;
}
```

② do...while。

```
do
{
    循环体;
}while(表达式);
```

③ for 型。

```
for(表达式 1;表达式 2;表达式 3)
{
    循环体;
}
```

注释用来向用户提示或解释程序的意义，C 语言中的注释是以 "/*" 开头并以 "*/" 结尾的串（如/* =为赋值号 */），其之间的为注释信息。程序编译时，不对注释做任何处理。

## 1.3 面向对象语言

面向对象语言（object-oriented language）是以对象为基本程序结构单位的程序设计语言。语言中引入了类、方法、实例等概念。

### 1.3.1 Java

Java 起源于 Oak 语言，具有简单性、面向对象、分布式、健壮性、安全性、平台独立与可移植性、多线程、动态性等特点，可以编写桌面应用程序、Web 应用程序、分布式系统和嵌入式系统等。

【例 1-2】使用 Java 实现求圆柱体体积，源代码如下：

```
1  import java.util.Scanner;
2  public class Yuanzhutiji {                      //定义类
3      public static void main(String[] args) {    //主方法入口
4          final double PI = 3.1415926;             //定义常量
5          double radius;                           //定义变量
6          double V, height;
7          Scanner input = new Scanner(System.in);
```

```
8          System.out.print("请输入圆柱底面半径：");   //输出
9          radius = input.nextDouble();
10         System.out.print("请输入圆柱的高：");       //输出
11         double height = input.nextDouble();
12         V = PI * radius * radius * height;        //求圆柱体体积
13         System.out.print("圆柱的体积 = " +V);       //输出结果
14     }
15 }
```

所有的 Java 程序都由 public static void main(String[] args) （如例 1-2 中第 3 行）方法开始执行。Java 语言提供两类修饰符。

- 访问控制修饰符：default、private、public（默认）、protected。
- 非访问修饰符：static、final、abstract、synchronized 和 volatile。

修饰符用来定义类、方法或者变量，通常放在语句的最前端（如例 1-2 中第 2 行使用 public 修饰符定义了一个名为 Yuanzhutiji 的公有类）。

1）常量与变量

和 C 语言一样，Java 中的常量和变量在使用前要先声明。在 Java 中，使用 final 关键字来修饰常量（如例 1-2 中第 4 行声明了一个常量 PI）。变量的声明格式如下：

```
type identifier [ = value][, identifier [= value] …] ;
```

格式说明：type 为 Java 数据类型，identifier 为变量名。可以使用逗号分隔多个相同类型的变量（如例 1-2 第 5、6 行声明了 3 个变量，分别存储圆柱体的半径、体积和高）。

2）数据类型

在 Java 中，数据类型可分为基本类型和引用类型两种，如图 1-4 所示。

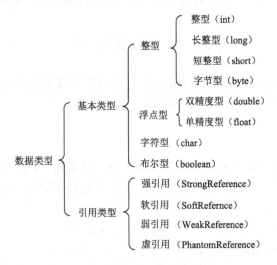

图 1-4　Java 的数据类型

引用数据类型在存储堆中对需要引用的对象进行引用，引用是 Java 面向对象的一个特点。

3）运算符

Java 提供了丰富的运算符来支持种类计算（如例 1-2 中第 12 行，使用*运算符进行体积求解），基本可分为算术运算符、关系运算符、逻辑运算符、位运算符、赋值运算符和其他运算符。Java 运算符如表 1-3 所示。

表 1-3　Java 运算符

| 运算符类型 | 运算符 | 功能及特性 |
|---|---|---|
| 算术运算符 | \*（乘）、/（除）、%（求余）（优先级高）<br>+（加/取正）、-（减/取负）、++（自增 1）、--（自减 1） | 基本算术运算，自左向右运算（左结合性） |
| 关系运算符 | <（小于）、>（大于）、<=（小于或等于）、>=（大于或等于）、==（等于）、!=（不等于） | 比较运算，为双目运算，其值为布尔类型，即真（1）或假（0） |
| 逻辑运算符 | !（逻辑非）、&&（逻辑与）、\|\|（逻辑或） | 逻辑运算表达式值为布尔类型 |
| 位运算符 | &（如果相对应位都是 1，则结果为 1，否则为 0）<br>\|（如果相对应位都是 0，则结果为 0，否则为 1）<br>^（如果相对应位值相同，则结果为 0，否则为 1）<br>～（按位取反运算符，翻转操作数的每一位，即 0 变成 1，1 变成 0）<br><<（按位左移运算符。左操作数按位左移右操作数指定的位数）<br>>>（按位右移运算符。左操作数按位右移右操作数指定的位数）<br>>>>（按位右移补零操作符。左操作数的值按右操作数指定的位数右移，移动得到的空位以零填充） | 按位进行运算 |
| 赋值运算符 | 简单赋值（=）、复合算术赋值（+=、-=、\*=、/=、%=、<<=、>>=、&=、^=、\|=、（%）=） | 将右边的值赋给左边的变量 |
| 其他运算符 | 条件运算符（?:)、instanceof 运算符 | 条件运算符依据"?"前表达式为"真"或为"假"情况，分别执行对应的表达式（相当于 if...else 结构）。instanceof 用于判断该运算符前面引用类型变量指向的对象是否是后面类或其子类接口实现类创建的对象 |

4）控制结构

Java 中也包含了循环结构、条件结构和多分支结构。

- 循环结构：while、do...while、for。
- 条件结构：if...else、if...else if...else。
- 多分支结构：switch case。

**注意**：Java 大小写敏感；类名的首字母应该大写；源文件名必须和类名相同，文件名的后缀为.java。

## 1.3.2　C++

C++是一种面向对象的强类型语言，由 Bjarne Stroustrup 于 1979 年在贝尔实验室开始设计开发，1983 年被正式命名为 C++。C++进一步扩充和完善了 C 语言，可运行于 Windows、MAC 操作系统及 UNIX 等多种平台上。

标准的 C++由三个重要部分组成。

- 核心语言：提供了所有构件块，包括变量、数据类型和常量等。

- C++标准库：提供了大量的函数，用于操作文件、字符串等。
- 标准模板库（STL）：提供了大量的方法，用于操作数据结构等。

C++程序可以定义为对象的集合，这些对象通过调用彼此的方法进行交互。现在让我们通过下例简要地看一下什么是类、对象、方法、常量、变量等。

【例1-3】使用C++实现求圆柱体体积。

方法一：宏定义

```
1  #include <iostream>         //预处理器指令
2  using namespace std;        //声明程序访问名为std的命名空间
3  #define PI 3.14
4  int main()
5  {
6    double r, h, dResult;
7    cout << "输入圆柱体的半径和高: " << endl; //输出语句
8    cin >> r >> h;            //输入语句
9    dResult = PI*r*r*h;
10   cout<<"圆柱体体积为: "<<dResult<<endl;
11   return 0;
12 }
```

方法二：调用函数

```
1  #include<iostream>
2  using namespace std;
3  const double PI = 3.14;           //声明一个常量
4  double volume(double r, double h)
5  {
6    return PI*r*r*h;
7  }
8  int main()
9  {
10   double r, h;
11   cout << "请输入圆柱体的半径和高:" << endl;
12   cin >> r >> h;
13   cout << "圆柱体的体积为:" << volume(r, h) << endl;
14   return 0;
15 }
```

#include指令使预处理器在程序中包含iostream文件内容。iostream文件包含的代码允许C++程序在屏幕上显示输出，并从键盘读取输入。因为程序中调用了cout语句和cin语句，故需要调用iostream文件。

C++使用命名空间来组织程序实体的名称。该语句使用"namespace std;"声明该程序将访问名称为std的命名空间的实体（第2行）。为了使程序能够使用iostream中的实体，它必须具有访问std命名空间的权限。

1）常量与变量

和C语言一样，C++中的常量和变量在使用前要先声明。在C++中使用const关键字来修饰常量（如方法二中的第3行声明了一个常量PI）。在C++中，也可以使用#define

预处理器定义常量（如方法一中的第 3 行）。变量的声明与 C 语言相同。

2）数据类型

C++的数据类型可分为基本类型和用户定义类型，如图 1-5 所示。

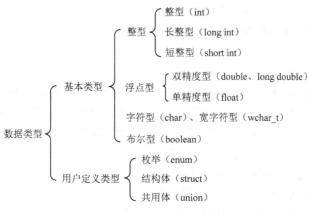

图 1-5　C++数据类型

3）运算符

C++提供了丰富的运算符来支持各类计算，基本可分为算术运算符、关系运算符、逻辑运算符、位运算符、赋值运算符和其他运算符，如表 1-4 所示。

表 1-4　C++运算符

| 运算符类型 | 运算符 | 功能及特性 |
| --- | --- | --- |
| 算术运算符 | *（乘）、/（除）、%（求余）（优先级高）<br>+（加/取正）、-（减/取负）、++（自增 1）、--（自减 1） | 基本算术运算，自左向右运算（左结合性） |
| 关系运算符 | <（小于）、>（大于）、<=（小于或等于）、>=（大于或等于）、==（等于）、!=（不等于） | 比较运算，为双目运算，其值为布尔类型，即真（1）或假（0） |
| 逻辑运算符 | !（逻辑非）、&&（逻辑与）、\|\|（逻辑或） | 逻辑运算表达式值为布尔类型 |
| 位运算符 | &（如果相对应位都是 1，则结果为 1，否则为 0）<br>\|（如果相对应位都是 0，则结果为 0，否则为 1）<br>^（如果相对应位值相同，则结果为 0，否则为 1）<br>~（按位取反运算符翻转操作数的每一位，即 0 变成 1，1 变成 0）<br><<（按位左移运算符。左操作数按位左移右操作数指定的位数）<br>>>（按位右移运算符。左操作数按位右移右操作数指定的位数） | 按位进行运算 |
| 赋值运算符 | 简单赋值（=）、复合算术赋值（+=、-=、*=、/=、%=、<<=、>>=、&=、^=、\|=） | 将右边的值赋给左边的变量 |
| 其他运算符 | 条件运算符（?:）、sizeof、,（逗号运算符）、成员运算符（.和->）等 | 条件运算符相当于 if...else 结构；sizeof 用于返回变量大小；逗号运算符用于进行顺序运算，表达式的值为最后一个逗号表达式的值；成员运算符用于取结构体等类型的成员值 |

4）控制结构

C++中也包含循环结构、条件结构和多分支结构。

- 循环结构：while、do...while、for。
- 条件结构：if...else、if...else if...else。
- 多分支结构：switch case。

### 1.3.3 Python

Python 是 Guido van Rossum 在 1989 年圣诞节期间，为了打发无聊的圣诞节而编写的一种编程语言。1991 年，Python 的第一个公开发行版发行，它是一种面向对象的解释型的开源语言。Python 采用强制缩进的方式，使代码具有极佳的可读性，包含庞大的标准库，可以辅助处理正则表达式、文档生成、单元测试、线程、网页浏览、CGI、电子邮件等。Python 被广泛应用于 Web 系统开发、操作系统管理和服务器运维的自动化脚本、科学计算、桌面软件、服务器软件及游戏开发等。

【例 1-4】使用 Python 实现求圆柱体体积。

```
1  # -*- coding: utf-8 -*- //指定编码格式，支持汉字
2  def main():
3    PI=3.1415926
4    radius, height = eval(input("input radius, height:"))
5    area = radius * radius * PI
6    volume = area * height
7    print("The volume is %6.2f :"%(volume))
8  if __name__ == "__main__":
9    main()
```

Python 中默认的编码格式是 ASCII 格式，在默认编码格式下，无法正确处理程序中的汉字。通过在文件开头加入 # -*- coding: UTF-8 -*- 或者 # coding=utf-8，解决程序中汉字显示问题（如第 1 行）。Python 3.X 的源码文件默认使用 UTF-8 编码，可以正常解析中文，无须指定 UTF-8 编码。

1）变量及数据类型

与 C 语言、Java、C++不同，Python 中的变量不需要在使用前声明其类型，但每个变量在使用前都必须赋值。被赋值以后，该变量才会被创建，并且变量类型由被赋值的数据决定。Python 变量定义的基本格式如下：

变量名=值

Python 允许同时为多个变量赋相同的值，如 a=b=c=5（同时将 5 赋值给 a、b、c 三个变量）。

也可以同时为多个变量指定不同的值，如 a,b,c=3,4, "student"（将 3、4 赋值给 a、b，将字符串 student 赋值给 c）。可以将不同类型的数据赋值给同一个变量，变量的类型是可以改变的。

Python 定义了以下几种数据类型。

- Numbers（数字）：int、long、float、complex（复数）。
- String（字符串）：英文引号包含的一串字符，其中英文引号可以是单引号、双引号或三引号。

- List（列表）：使用[ ]标识，元素的个数和值可以随意修改。
- Tuple（元组）：使用()标识，内部元素用逗号分隔，元素不能被修改。
- Dictionary（字典）：字典用{}标识，字典由索引（key）和它对应的值 value 组成。其形式如下：

```
dict={'name': '李华', 'code': 1234, 'class': '计算机01'}
```

2）运算符

Python 包含算术运算符、关系运算符、逻辑运算符、位运算符、赋值运算符、成员运算符和身份运算符，如表 1-5 所示。

表 1-5 Python 运算符

| 运算符类型 | 运算符 | 功能及特性 |
|---|---|---|
| 算术运算符 | *（乘）、/（除）、%（求余）、**（幂）、//（向下取整）、+（加/取正）、-（减/取负） | 基本算术运算，自左向右运算（左结合性） |
| 关系运算符 | <（小于）、>（大于）、<=（小于或等于）、>=（大于或等于）、==（等于）、<>（不等于） | 比较运算，为双目运算，其值为布尔类型，即真（1）或假（0） |
| 逻辑运算符 | not（逻辑非）、and（逻辑与）、or（逻辑或） | 逻辑运算表达式值为布尔类型 |
| 位运算符 | &（按位与）、|（按位或）、^（按位异或）、~（按位取反）、<<（按位左移）、>>（按位右移） | 按位进行运算 |
| 赋值运算符 | 简单赋值（=）、复合算术赋值（+=、-=、*=、/=、%=、**=、//=） | 将右边的值赋给左边的变量 |
| 成员运算符 | in（如果在指定的序列中找到值，则返回 True，否则返回 False）<br>not in（如果在指定的序列中没有找到值，则返回 True，否则返回 False） | 用于判断是否为该序列的成员 |
| 身份运算符 | is（判断两个标识符是否引用同一个对象）<br>is not（判断两个标识符是否引用自不同对象） | 其值为布尔类型返回 True 或 False |

3）语句

Python 中包含条件语句、循环语句和控制语句。

- 条件语句的基本形式如表 1-6 所示。

表 1-6 条件语句的基本形式

| 单条件 | 多条件 |
|---|---|
| if 判断条件：<br>　语句 1<br>else：<br>　语句 2 | if 判断条件 1：<br>　语句 1<br>elif 判断条件 2：<br>　语句 2<br>elif 判断条件 3：<br>　语句 3<br>else：<br>　语句 4 |

- 循环语句的基本形式如表 1-7 所示。

**表 1-7 循环语句的基本形式**

| while 循环 | while 判断条件：<br>　语句 | while 判断条件：<br>　语句 1<br>else:<br>　语句 2（条件为假时执行） |
|---|---|---|
| for 循环 | for 变量 in 序列：<br>　语句 | for 变量 in 序列：<br>　语句 1<br>else:<br>　语句 2 |
| 嵌套循环 | for 变量 in 序列：<br>　for 变量 in 序列：<br>　　语句 1<br>语句 2 | while 判断条件：<br>　while 判断条件：<br>　　语句 1<br>语句 2 |

* 控制语句：break、continue、pass（空语句）。

# 本 章 小 结

　　计算机系统由计算机硬件系统和计算机软件系统两大部分组成。软件是计算机系统中与硬件相互依存的一部分，它是程序、数据及其相关文档的集合。软件开发是一个系统工程，需要借助一系列工具、程序语言，遵循一定的开发方法、使用良好的开发策略来实现。本章围绕程序设计语言，引入了软件的定义，概述了软件生命周期、发展历程，重点介绍了结构化程序设计语言和面向对象程序设计语言的特点，通过实例分别给出了目前广泛使用的 C 语言、Java、C++、Python 的基本语法，尤其对 C 语言的语法结构进行了较为详细的描述。通过本章的学习，读者可以对计算机语言有所了解和认识，为后续更深入的学习奠定良好的基础。

# 习 题

## 一、基础巩固

　　1. 什么是软件、程序设计语言？
　　2. 什么是软件的生命周期，包含几个阶段？
　　3. 计算机语言分为几代？各代语言有什么特点？
　　4. 参考例 1-1，使用 C 语言编写一个求圆柱体表面积和体积的程序。

## 二、能力提升

　　1. 搜索第五代语言的相关资料，了解此类语言的特点、用途及发展趋势。
　　2. 参考使用 Java、C++和 Python 实现的例 1-1 程序，尝试部署对应语言的运行环境并实现求圆柱体体积。

# 第 2 章　算法分析与描述

**知识要点**

➢　算法及其基本特性。

➢　算法描述方法。

➢　衡量算法优势的标准。

➢　常见的交换、判断、查找和排序算法。

算法是使用计算机解决某一问题的指令，它代表着用系统的方法描述解决问题的策略机制。程序员在编程求解问题时，首先需要考虑的就是算法，能够评价算法的好坏，并确定针对待解决问题的最优算法，进而使用算法描述方法将问题的解决思路描述清楚。

## 2.1　算　　法

在用计算机解决实际问题的过程中，首先需要对问题进行分析并确定其方法及求解步骤，这一过程通常用算法来描述。某一问题的处理常常有多种求解方法，因此会存在多种算法。算法选择的好坏往往决定着计算机处理问题的效率与准确性，因此，算法是程序设计的核心。

### 2.1.1　算法的概念

算法是为解决某一问题而采用的方法及步骤。一个算法就是一种解题的方法。计算机的算法通常包含两类。

- 数值运算算法：用于数值计算类问题，描述求值过程。
- 非数值运算算法：用于描述事务处理过程。

严格地说，算法是由若干指令组成的有穷序列，其中每条指令都表示一个或者多个操作。一个算法必须满足以下五个准则。

- 有穷性：算法必须在执行有限个步骤后终止。
- 确定性：算法中每一条指令的含义都必须明确，无二义性。
- 可行性：算法是可行的，即算法中描述的操作都可以通过有限次的基本运算来实现。
- 输入：一个算法有 0 个或多个输入。
- 输出：一个算法有 1 个或者多个输出。

### 2.1.2 算法分析

求解一个问题可能有多种不同的算法，而算法的好坏直接影响程序的执行效率，且不同算法之间的运行效率存在较大差异。算法分析的目的在于选择合适的算法以提高程序运行效率。通常使用时间复杂度和空间复杂度来评价算法。

#### 1. 时间复杂度

算法执行时间通过该算法编制的程序在计算机上运行时所消耗的时间来度量。一个用高级语言编写的程序在计算机上运行时所消耗的时间取决于下列四个因素。

- 算法采用的策略、方法。
- 编译产生的代码质量。
- 问题的输入规模。
- 机器执行指令的速度。

一个算法由控制结构（顺序结构、分支结构和循环结构）和原操作（固有数据类型的操作）构成，因此算法时间取决于两者的综合效果。为了便于比较同一个问题的不同算法，通常的做法是从算法中选取基本操作，以该基本操作重复执行的次数作为算法的时间度量。

一个算法花费的时间与算法中基本语句的执行次数成正比，基本语句执行的次数被称为语句频度或时间频度，记为 $T(n)$，其中 $n$ 被称为问题规模。当 $n$ 不断变化时，时间频度 $T(n)$ 也会不断变化。

一般情况下，算法中基本操作重复执行的次数是问题规模 $n$ 的某个函数，用 $T(n)$ 表示。若有某个辅助函数 $f(n)$，使得当 $n$ 趋近于无穷大时，$T(n)/f(n)$ 的极限值为不等于零的常数，则称 $f(n)$ 是 $T(n)$ 的同数量级函数，记作：

$$T(n) = O(f(n))$$

$O(f(n))$ 被称为算法的渐进时间复杂度，简称时间复杂度。$f(n)$ 一般为算法中频度最大的语句频度。

常见算法的时间复杂度量级有常数阶 $O(1)$、线性阶 $O(n)$、对数阶 $O(\log n)$、线性对数阶 $O(n\log n)$、平方阶 $O(n^2)$、立方阶 $O(n^3)$、$k$ 次方阶 $O(n^k)$、指数阶 $O(2^n)$ 和阶乘阶 $O(n!)$ 等形式。

【例 2-1】分析以下算法的时间复杂度。

```
（1）for(i=1; i<=n; ++i)        （2）int i = 1;
    {                               while(i<n)
        j = i;                      {
        j++;                            i=i*2;
    }                               }
```

解析：例 2-1（1）中的基本语句是循环体语句，这个语句会执行 $n$ 遍（for 循环 $n$ 次），因此它消耗的时间是随着 $n$ 的变化而变化的，则其时间复杂度为 $T(n) = O(n)$。

例 2-1（2）中的基本语句在 while 循环中每执行一次，都会改变循环变量 i 的值，使得 i 距离 $n$ 越来越近，假设循环 $x$ 次后，i 就大于 $n$ 退出，则 $2^x = n$，那么 $x = \log 2^n$，则其时间复杂度为 $T(n) = O(\log n)$。

### 2. 空间复杂度

一个算法的空间复杂度是该算法在运行过程中临时占用的存储空间大小的度量。一般也作为问题规模 $n$ 的函数，以数量级形式给出，记作：

$$S(n)=O(g(n))$$

一个算法在计算机存储器上所占用的存储空间，包括存储算法本身所占用的存储空间、算法输入输出数据所占用的存储空间和算法在运行过程中临时占用的存储空间。算法的空间复杂度分析主要是对临时变量所占空间的分析。

**【例 2-2】** 分析以下算法的空间复杂度。

（1）

```java
void bubbleSort(int[] array) {
    for (int end = array.length; end > 0; end--) {
        boolean sorted = true;
        for (int i = 1; i < end; i++) {
            if (array[i -1] > array[i]) {
                Swap(array, i - 1, i);
                sorted = false;
            }
        }
        if (sorted == true) {
            break;
        }
    }
}
```

（2）

```java
long factorial(int N) {
    return N < 2 ? N : factorial(N-1) * N;
}
```

**解析：** 例 2-2（1）中调用函数时在原数组上进行处理，占用存储空间的大小与问题规模 $n$ 无关，故其空间复杂度为 $O(1)$。

例 2-2（2）中调用函数时分配了 $n$ 个内存空间，故其空间复杂度为 $O(n)$。

### 3. 常用排序算法的时间复杂度和空间复杂度

排序就是使一串记录按照其中某个或某些关键字的大小，递增或递减排列起来的操作。排序算法就是如何使得记录按照要求的顺序进行排列的方法。排序算法被广泛应用于多个领域，尤其在大量数据的处理方面使用得更为频繁。目前，常用的排序算法有 10 种，其时间复杂度和空间复杂度如表 2-1 所示。

表 2-1　排序算法的时间复杂度和空间复杂度

| 排序算法 | 平均 $T(n)$ | 最好 $T(n)$ | 最坏 $T(n)$ | $S(n)$ | 稳定性 |
|---|---|---|---|---|---|
| 冒泡排序 | $O(n^2)$ | $O(n)$ | $O(n^2)$ | $O(1)$ | 稳定 |
| 选择排序 | $O(n^2)$ | $O(n^2)$ | $O(n^2)$ | $O(1)$ | 不稳定 |

续表

| 排序算法 | 平均 $T(n)$ | 最好 $T(n)$ | 最坏 $T(n)$ | $S(n)$ | 稳定性 |
|---|---|---|---|---|---|
| 插入排序 | $O(n^2)$ | $O(n)$ | $O(n^2)$ | $O(1)$ | 稳定 |
| 希尔排序 | $O(n\log n)$ | $O(n)$ | $O(n^2)$ | $O(1)$ | 不稳定 |
| 归并排序 | $O(n\log n)$ | $O(n\log n)$ | $O(n\log n)$ | $O(n)$ | 稳定 |
| 快速排序 | $O(n\log n)$ | $O(n\log n)$ | $O(n^2)$ | $O(\log n)$ | 不稳定 |
| 堆排序 | $O(n\log n)$ | $O(n\log n)$ | $O(n\log n)$ | $O(1)$ | 不稳定 |
| 计数排序 | $O(n+k)$ | $O(n+k)$ | $O(n+k)$ | $O(k)$ | 稳定 |
| 桶排序 | $O(n+k)$ | $O(n+k)$ | $O(n^2)$ | $O(n+k)$ | 稳定 |
| 基数排序 | $O(n×k)$ | $O(n×k)$ | $O(n×k)$ | $O(n+k)$ | 稳定 |

表中的 $n$ 为数据规模，$k$ 是"桶"的个数。一个优秀的算法可以节省大量的资源。

# 2.2　算法描述

算法描述（algorithm description）是指对设计出的算法，选择某种方式进行描述，以便与人交流。算法可采用多种方式来描述，常用的描述方法包括自然语言、流程图、N-S 图、伪代码。

## 2.2.1　自然语言描述算法

自然语言就是人们日常交流、表达所使用的语言，这些语言可以是汉语、英语、日语等。使用自然语言描述算法的优点是通俗易懂、容易理解，但是容易产生歧义。尤其当算法中包含分支结构和循环结构，并且操作步骤较多时，容易出现错误及描述不清的问题。

【例 2-3】输入两个整数，输出较大者。

使用自然语言描述如下。

第一步：定义整型变量 x、y。

第二步：输入两个整数存到变量 x、y 中。

第三步：判断 x 是否大于 y，如果 x 大于 y，则输出 x，否则输出 y。

## 2.2.2　流程图描述算法

使用流程图（flow chart）描述算法可以解决自然语言描述算法的歧义性问题。流程图用规定的图形符号来描述算法，其基本符号如表 2-2 所示。

表 2-2　流程图常用的图形符号

| 图形符号 | 名称 | 含义 |
|---|---|---|
| ⬭ | 起止框 | 程序的开始或结束 |
| ▭ | 处理框 | 数据的各种处理和运算操作 |

续表

| 图形符号 | 名称 | 含义 |
|---|---|---|
| | 输入/输出框 | 数据的输入和输出 |
| | 判断框 | 根据条件的不同，选择不同的操作 |
| | 连接点 | 转向流程图的其他处或从其他处转入 |
| → | 流向线 | 程序的执行方向 |

结构化程序设计方法中的顺序结构、选择结构、当型循环结构和直到型循环结构的流程图如图 2-1 所示。

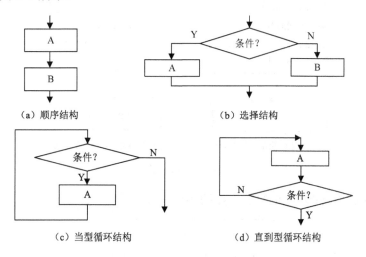

（a）顺序结构　　　　（b）选择结构

（c）当型循环结构　　　　（d）直到型循环结构

图 2-1　流程图

使用流程图描述例 2-3 的算法，如图 2-2 所示。

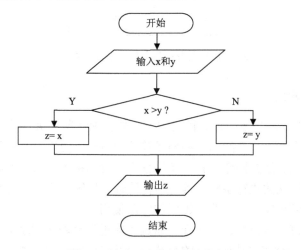

图 2-2　输出两个整数中的较大者

【思考】算法中 z 的作用是什么，此算法的空间复杂度是多少？

### 2.2.3 N-S 图描述算法

虽然用流程图描述的算法条理清晰、通俗易懂，但是在描述大型复杂算法时，流程图的流向线较多，可能会影响算法的阅读和理解。因此有两位美国学者提出了一种完全去掉流向线的图形描述方法，被称为 N-S 图（两人名字的首字母组合）。N-S 图使用矩形框来表达各种处理步骤，全部算法都写在一个矩形框中。结构化程序设计中的顺序结构，选择结构、当型循环结构、直到型循环结构的 N-S 图如图 2-3 所示。

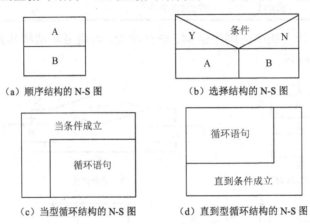

（a）顺序结构的 N-S 图          （b）选择结构的 N-S 图

（c）当型循环结构的 N-S 图      （d）直到型循环结构的 N-S 图

图 2-3　N-S 图

使用 N-S 图描述例 2-3 的算法，如图 2-4 所示。

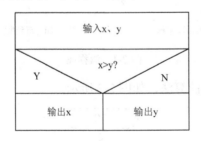

图 2-4　N-S 图表示两个整数中较大者算法

### 2.2.4 伪代码描述算法

伪代码（pseudocode）是一种非正式的、不能在编译器上执行的算法描述语言，它是介于程序代码和自然语言之间的一种描述算法的方法。伪代码通常采用自然语言、数学公式和符号来描述算法的操作步骤，使用任何一种高级语言（如 C、C++、Java 等）的控制结构来描述算法的执行步骤，具有结构清晰、代码简单、可读性好的特点，更易于转化为可执行的源程序，在计算机领域被广泛使用。

在伪代码中，每一条指令都占一行，通过"缩进"来表达程序中的控制结构。

使用 C 结构的伪代码描述例 2-3 的算法，以及对应的源程序如下。

例 2-3 的伪代码描述:

```
1 begin:
2   int x,y;
3   scanf(x,y);
4   if(x>y) printf(x)
5   else  printf(y);
6 end.
```

例 2-3 的源程序:

```
1 #include <stdio.h>
2 int main()
3 {
4   int x,y;
5   scanf("%d,%d ",&x,&y);
6   if(x>y) printf("%d",x);
7   else  printf("%d",y);
8   return 0;
9 }
```

由此可见,使用伪代码描述的算法更容易被转换为对应语言的源程序。

# 2.3　常见问题分析与算法描述

C 语言中常见的问题包括数据交换、找最值、条件判断、排序和查找。

## 2.3.1　数据交换问题

数据交换问题主要讨论如何将两种物质或两个数互换,通常的做法是通过中间介质来实现。

【例 2-4】有两个瓶子 A 和 B,分别盛放醋和酱油,请将它们互换。

【解题思路】

醋和酱油均为液体,实现互换需要借助 1 个空瓶子,具体算法如下。

使用自然语言描述例 2-4 算法:

```
1 定义两个变量 A, B;
2 定义一个变量 T;
3 将 A 中液体倒入 T 中;
4 将 B 中液体倒入 A 中;
5 将 T 中液体倒入 B 中。
```

使用伪代码描述例 2-4 算法:

```
1 begin:
2   int A, B
3   int T
4   T=A
5   A=B  借助 T 实现 A、B 交换
6   B=T
7 end.
```

【思考】针对两个数交换，能否不借助中间变量实现？

【例 2-5】将 25 与 78 两个整数进行交换。使用 N-S 图描述的算法如图 2-5 所示。

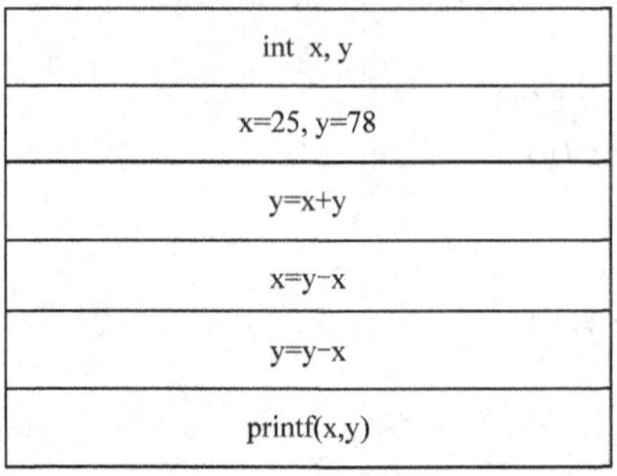

| int x, y |
| --- |
| x=25, y=78 |
| y=x+y |
| x=y-x |
| y=y-x |
| printf(x,y) |

图 2-5　算法描述 N-S 图

### 2.3.2　找最值问题

找最值问题通常是从两个数或多个数中找出最大或最小的数并输出。

【例 2-6】输入 3 个整数，找出其中的最大值并输出。使用伪代码描述的算法如下。

```
1 begin:
2   int x,y,z,max
3   scanf(x,y,z)
4   max=x;
5   if(max<y)max=y
6   if(max<z)max=z
7   printf(max)
8 end.
```

【思考】如果不借助中间变量 max，如何找出最大值？

### 2.3.3　条件判断问题

在日常事务处理中，常常会遇到类似考核等级判定、是否为素数、是否为闰年等问题。这类问题的结果不是具体数值，而是判定为真或假的布尔类型。

【例 2-7】任意输入一个四位整数年份，判断其是否为闰年，并将判定结果输出。

【解题思路】

判定是否为闰年需要依据以下条件：

（1）能被 4 整除，但不能被 100 整除的年份都是闰年，如 2008 年、2012 年、2048 年；

（2）能被 400 整除的年份是闰年，如 2000 年。

例 2-7 的算法如图 2-6 所示。

图 2-6 中依据两个判断条件对输入的 year 进行判定，满足是闰年的条件则输出"year 是闰年"，不满足则输出"year 不是闰年"。

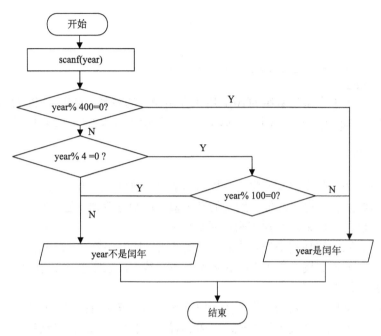

图 2-6　闰年判定流程图

### 2.3.4　排序问题

排序是将一组无序的数据调整为有序状态，即使数据从大到小排列或从小到大排列。排序是计算机中的一种常规操作，可分为内部排序和外部排序。若整个排序过程不需要访问外存便能完成，则称此类排序问题为内部排序；若参加排序的记录数量很大，整个序列的排序过程只在内存中不可能完成，需要借助外存储器，则称此类排序问题为外部排序。内部排序的过程是一个逐步扩大记录的有序序列长度的过程。常见的排序算法主要包括插入排序、希尔排序、选择排序、堆排序、冒泡排序、快速排序、归并排序、计数排序、桶排序和基数排序。

冒泡排序是一种简单的排序算法，其思想是遍历待排序的数列，每趟遍历都将无序数据进行两两比较。如果升序排序，每一趟操作都将"小值上浮，大值下沉"，若有 $n$ 个数，则理论上要通过 $n$ 趟操作，总共进行 $n(n-1)/2$ 次交换。

【例 2-8】任意输入 10 个数，使用冒泡排序实现升序排列，并输出有序数列。

使用伪代码描述的算法如下。

```
1  begin:
2   int a[10],i,j,temp
3   while(i<10) scanf(a[i])
4    while (i<10)
5      {while(j<n-i)
6         {if (arr[j] > arr[j+1])
7          {    //相邻元素两两对比
8               var temp = arr[j+1];        //元素交换
9               arr[j+1] = arr[j];
10              arr[j] = temp;
```

```
11              }
12          }
13      }
14    while(i<10) printf(a[i])
15  end.
```

算法中定义了 1 个整型数组 a[10]，用来存储输入的整数，调用 while 循环实现读入 10 个整数并存入 a[10]（见第 3 行）。第 4～13 行是调用冒泡排序实现排序的代码。

### 2.3.5 查找问题

查找是在一些（有序的或无序的）数据元素中，通过一定方法找出与给定关键字相同的数据元素的过程。也就是根据给定的某个值，在待查数列中查找该值，如果找到则返回该值所在位置，如果没有找到则返回查找失败。

查找是计算机中的基本操作，常见的查找算法包括顺序查找、二分查找、插值查找、斐波那契查找、树表查找、分块查找和哈希查找。其中，顺序查找是最为简单的一种查找方法，也称为线性查找。

顺序查找的思想是从表的一端开始，按顺序扫描，依次将扫描到的节点关键字与给定值 k 相比较，若相等则表示查找成功；若扫描结束仍没有找到关键字等于 k 的节点，则表示查找失败。顺序查找的时间复杂度为 $O(n)$。

【例 2-9】顺序查找算法。

```
1  int search(int d,int a[],int n)
2  {
3      /*在数组 a[]中查找等于 d 的元素，若找到，则函数返回 d 在数组中的位置，否则为 0。
4  其中 n 为数组长度*/
5    int i;
6    /*从后往前查找*/
7    for(i=n-1;a!=d;--i)
8    return i ;
9    /*如果找不到，则 i 为 0*/
10  }
```

算法中定义了一个 search 查找函数，对 a[]数组中的数据进行顺序查找。

## 本 章 小 结

算法是解决某一问题的方法和步骤，数据结构+算法=程序。算法是使用计算机解决某一问题的重要部分，它具有有穷性、确定性、有效性、输入和输出 5 个特性。算法可分为数值运算算法和非数值运算算法。一般来说，某一问题使用不同解决方案将对应不同算法，衡量一个算法好坏的指标主要包括时间复杂度和空间复杂度。一个好的算法应尽可能保证时间复杂度和空间复杂度较小。通常可以使用自然语言、流程图、N-S 图和伪代码方式来描述算法。在本章的学习中，应该围绕计算机的常规操作，如交换、排序、查找等训练算法思维。此外，通过典型问题的分析与算法描述，掌握算法的常用描述方法。能够利用时间复杂度和空间复杂度对设计的算法性能进行评价，并能熟练使用伪代码清晰地进行算法描述。

# 习　题

## 一、基础巩固

1. 使用流程图、N-S 图和伪代码描述以下问题的算法。

（1）输入一个四位整数，求各位数字之和（如 1234，则结果为 1+2+3+4=10）。

（2）对输入的字符进行加密，加密规则为"输入 4 个字符，将每个字符加 4 后转换成加密字符"，如输入"Ab2c"，则加密后的字符序列为"Ef6g"。

（3）任意输入一个整数，判断其是否为偶数，并输出判断结果。

2. 分析以下程序段的时间复杂度。

（1）字母大小转换。

```
#include <stdio.h>
int main( )
{  char  ch ;
   scanf("%c",&ch);
   if (ch>='A' && ch<='Z') ch=ch+32;
   else  if (ch>='a' && ch<='z' )   ch=ch-32;;
   printf("%c\n" ,ch);
   return 0;
}
```

（2）5×5 矩阵两条对角线上的各元素之和。

```
#include <stdio.h>
int  main( )
{ int a[5][5],i,j,sum=0;
  for(i=0;i<5;i++)
  for(j=0;j<5;j++)
  {scanf("%d",&a[i][j]);
      if(i==j||i+j==4)
        sum+=a[i][j];
  }
  printf("%d", sum);
  return 0;
}
```

3. 参考例 2-5 算法，使用 C 语言编写程序实现：输入 3 个整数，并按由小到大的顺序排序输出。

## 二、能力提升

1. 使用伪代码描述常见的 10 种排序算法。

2. 编写 C 程序实现：输入 3 个正整数，判断是否能构成三角形。如果能，则计算三角形的周长和面积，否则输出"不能构成三角形！"。

# 第 2 篇
# 基 础 语 法

# 第 3 章　C 程序的结构

C 语言作为面向过程的高级程序设计语言,能够轻松实现结构化编程和模块化设计,使程序结构更加简洁,并且具有较强的可扩展性。C 语言具有高效、功能强大、可移植性好等优点,同时存在对系统平台库依赖严重、编写代码量大、不能较好兼容不同操作系统等缺点。

目前,C 语言的应用场景主要包括编写操作系统、硬件驱动、底层应用（数据库、编译器）、嵌入式应用开发、游戏引擎、云平台架构等。主流操作系统（UNIX、Linux、MacOS、Windows、Andriod、iOS）的底层都是由 C 语言和部分汇编语言实现的,C++、Java、Python、Swift 的编译器或者解释器以及 Git、Nginx、Redis、MySQL 也都是由 C 语言实现的。由此可见,C 语言仍然具有广泛的用武之地,至今仍很受欢迎。

## 3.1　C 程序的基本结构

用 C 语言编写的源程序,简称 C 程序。C 程序是函数结构,一般由一个或多个函数组成,其中以主函数 main()为入口,程序的执行从 main()函数开始。

C 程序框架

C 程序的基本结构见例 3-1 的问题分析。

【例 3-1】请判定 2000—2050 年中的每一年是否为闰年,并将判定结果输出。

【问题分析】

判定是否为闰年需要依据以下条件。

（1）能被 4 整除,但不能被 100 整除的年份都是闰年,如 2008 年、2012 年、2048 年;

（2）能被 400 整除的年份是闰年,如 2000 年。

根据以上条件对 2000—2050 年中的每一年份分别计算,其算法如图 3-1 所示。

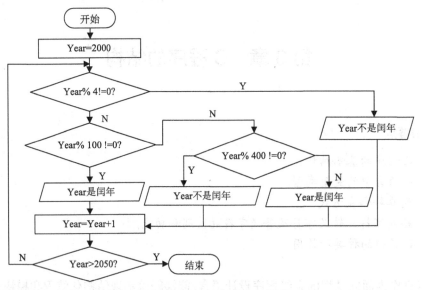

图 3-1  判定闰年算法的流程图

【程序代码】图 3-1 所示算法的 C 程序代码如下:

```
1  #include <stdio.h>
2  int main()
3  {
4   int i;
5   for(i=2000;i<=2050;i++)
6   {
7    if((i%4==0 && i%100! =0) || i%400==0)     //闰年判断条件
8       printf("%d 是闰年\t", i);
9    else
10      printf("%d 不是闰年\t", i);
11  }
12   return 0;
13 }
```

C 语言编写的源程序将被存为.c 文件,源文件需要经过编译生成目标文件(.obj),然后经过连接生成可执行文件(.exe)后运行,并在屏幕上显示运行结果。

【运行结果】

```
2000是闰年      2001不是闰年    2002不是闰年    2003不是闰年    2004是闰年
2005不是闰年    2006不是闰年    2007不是闰年    2008是闰年      2009不是闰年
2010不是闰年    2011不是闰年    2012是闰年      2013不是闰年    2014不是闰年
2015不是闰年    2016是闰年      2017不是闰年    2018不是闰年    2019不是闰年
2020是闰年      2021不是闰年    2022不是闰年    2023不是闰年    2024是闰年
2025不是闰年    2026不是闰年    2027不是闰年    2028是闰年      2029不是闰年
2030不是闰年    2031不是闰年    2032是闰年      2033不是闰年    2034不是闰年
2035不是闰年    2036是闰年      2037不是闰年    2038不是闰年    2039不是闰年
2040是闰年      2041不是闰年    2042不是闰年    2043不是闰年    2044是闰年
2045不是闰年    2046不是闰年    2047不是闰年    2048是闰年      2049不是闰年
2050不是闰年    Press any key to continue.
```

【程序注解】C 程序是一个函数,其基本结构如下:

```
main()        //主函数,程序开始执行的入口
{ /*函数体,第 3~13 行*/
  变量声明;     //第 4 行,声明一个整型变量 i,用于存储要判定的年份
```

```
      问题处理中的核心语句; //第5~11行，用于判定是否为闰年
      输出结果;      //第8、10行，分别输出闰年和非闰年
      return 0;    //第12行，其作用是结束main()函数运行，并向系统返回一个整数0,
                   //作为程序的结束状态
    }
```

任何一个程序都由main(){}这种结构组成，并且在C语言中，一个C程序有且仅有一个main()函数。在{}里面每一条语句后面都有一个分号（;），其为语句结束标志。

在编写程序时，为增强其可读性且便于理解，通常使用注释对核心代码或程序块进行解释。C语言有两种注释方式。

- //：单行注释，以 // 开始（第7行后的注释），单行注释可以单独成行。
- /* …… */：块注释或多行注释，既可以用于单行注释，也可以用于多行注释。

被注释的部分不参与程序运行。注释是使程序具有可读性的主要方式。此外，在程序调试时，通过注释查错是较为普遍的方式。

【思考】如果所求年份区间不是固定的（即不是 2000—2050 年），而是任意指定的年份区间，如何实现闰年与非闰年判断？

【问题分析】C语言中通过用户自定义函数实现模块化设计，即将程序中的特定工作部分编写成一个独立程序模块。在扩展问题中，可将非固定的年份区间定义为一个输入函数，在主函数中调用输入函数，通过改变函数参数的方式满足非固定年份的问题。此外，闰年判定是一个独立功能，可通过自定义函数实现。

【例 3-1 扩展程序】通过函数实现闰年判定。

```
1  #include <stdio.h>
2  #include <stdlib.h>
3  int main()                              //主函数
4  {
5    leap_year(int y[], int n);            //函数声明
6    input_year(int y[], int n, int by);   //函数声明
7    int year[51];                         //定义一个长度为51的整型数组
8    input_year(year, 51, 2000);           //调用输入年份函数
9    leap_year(year, 51);                  //调用闰年判定函数
10   return 0;
11 }
12 input_year(int y[], int n, int by)      //输入函数
13 {
14   int i;
15   for(i=0; i<n; i++)
16   y[i]=by++;
17 }
18 leap_year(int y[], int n)               //闰年判定函数
19 {
20   int i;
21   for(i=0; i<n; i++){
22     if ((y[i]%4==0&&y[i]%100!=0)||y[i]%400==0)
23       printf("%d是闰年!\n", y[i]);
24     else
```

```
25            printf("%d不是闰年!\n", y[i]);
26      }
27  }
```

程序中第 7 行定义了一个长度为 51 的整型数组。数组可批量存储相同类型数据，数组长度决定了其存储的数据个数。在扩展程序中通过数组存储输入的年份。

【思考】扩展程序中的 year[51]最大可存储多少个整数？

**函数声明**：第 12～17 行声明了一个输入函数，第 12 行为函数首部，括号中包含了 3 个形式参数。花括号{}中是函数体，实现函数功能。

**函数调用**：C 语言中通过函数名调用函数，在主函数中，调用函数括号中包含的参数为实参（实际操作的数据），调用时将实参值对应传给形参。当程序执行到第 8 行时，将第 1 个参数"year（已定义的数组名）"传给"int y[]"，将第 2 个参数"51"传给"int n"，将第 3 个参数"2000"传给"int by"，之后跳转到第 12～17 行的输入函数执行年份输入操作。该函数通过循环语句"for(i=0; i<n; i++){}"完成连续输入自 2000 年起的 51 个年份（2000—2050 年），并存入 year 数组。第 9 行调用了闰年判定函数实现 2000—2050 年的闰年判定，并输出结果。

**注**：函数可以在主函数之前定义，也可以在主函数之后定义（如例 3-1 扩展程序）。如果在主函数之前定义，则主函数可直接通过函数名调用；如果在主函数之后定义，则在调用前需要预先声明（如第 5～6 行）。

## 3.2　标识符与关键字

标识符是用来标识变量名、函数名、符号常量、数组名或用户自定义类型名称的有效序列，即程序中定义的名称。一个标识符由字母、数字和下划线组成，且以字母或下划线开头。

例如，i、sum、mohd、zara、S_name、a_123、_temp、a23b9、a[10]均为合法标识符。99a、a@b、*cd、W.h、int、while 均为不合法标识符。

- 定义标识符时尽量做到"见名知义"，以增强程序的可读性。
- 通常变量名、函数名用小写，符号常量用大写。
- C 语言区分大小写，故 a 和 A 是不相同的标识符。
- 不要使用系统中的库函数名、预处理命令、关键字作为自定义标识符。

关键字（又称为保留字）是由系统预先定义的具有特定含义的标识符，不能用作用户定义的标识符。C 语言中的关键字如表 3-1 所示。

表 3-1　C 语言中的关键字

| 关键字 | 说明 | 关键字 | 说明 |
|---|---|---|---|
| auto | 声明自动变量 | const | 定义常量 |
| break | 跳出当前循环 | continue | 结束当前循环，开始下一轮循环 |
| case | 开关语句分支 | default | 开关语句中的"其他"分支 |
| char | 字符型类型 | do | 循环语句的循环体 |

续表

| 关键字 | 说明 | 关键字 | 说明 |
|--------|------|--------|------|
| double | 双精度浮点类型 | union | 共用体类型 |
| else | 为假分支 | void | 无参类型 |
| enum | 枚举类型 | volatile | 说明变量在程序执行中可被隐含地改变 |
| extern | 变量或函数在其他文件或本文件的其他位置定义 | while | 循环语句 |
| float | 浮点类型 | register | 寄存器类型 |
| for | 循环语句 | return | 返回语句 |
| goto | 无条件跳转语句 | short | 短整型 |
| if | 条件语句 | signed | 有符号类型 |
| struct | 结构体类型 | sizeof | 数据类型或变量长度 |
| switch | 用于开关语句 | static | 声明静态变量 |
| typedef | 为数据类型定义别名 | int | 整型 |
| unsigned | 声明无符号类型 | long | 长整型类型 |

此外，C99 标准新增了_Bool、_Complex、_Imaginary、inline、restrict 关键字。C11 标准新增了_Alignas、_Alignof、_Atomic、_Generic、_Noreturn、_Static_assert、_Thread_local 关键字。

注：C11（也被称为 C1X）是指 ISO 标准 ISO/IEC 9899:2011，是当前较新的 C 语言标准。在它之前的 C 语言标准为 C99。

## 3.3 数据类型和常量、变量

在 C 语言中，操作的数据主要有常量和变量。在程序运行过程中，其值不能被改变的量称为常量，其值可以被改变的量称为变量。常量和变量都具有数据类型。

数据类型与常量

### 3.3.1 基本数据类型

C 语言的基本数据类型主要包括整型、实型和字符型，不同类型数据占用空间大小和取值范围不同。基本数据类型如表 3-2 所示。

表 3-2 基本数据类型

| 类型 | | 字节数 | 取值范围 |
|------|------|--------|----------|
| 整型 | [signed]int | 2 或 4 | $-32768 \sim 32767$ 即 $-2^{15} \sim (2^{15}-1)$ |
| | unsigned int | 2 或 4 | $0 \sim 65535$ 即 $0 \sim (2^{16}-1)$ |
| | [signed]short[int] | 2 | $-2^{15} \sim (2^{15}-1)$ |
| | unsigned short [int] | 2 | $0 \sim (2^{16}-1)$ |
| | long[int] | 4 | $-2^{31} \sim (2^{31}-1)$ |
| | unsigned long [int] | 4 | $0 \sim (2^{32}-1)$ |

续表

| 类型 | | 字节数 | 取值范围 |
|---|---|---|---|
| 实型 | float | 4 | $1.2×10^{-38}～3.4×10^{38}$（绝对值范围） |
| | double | 8 | $2.3×10^{-308}～1.7×10^{308}$（绝对值范围） |
| | long double | 16 | $2.3×10^{-308}～1.7×10^{308}$（绝对值范围）<br>0 以及 $3.4×10^{-4932}～1.1×10^{4932}$（绝对值范围） |
| 字符型 | char | 1 | ASCII 码表内字符 |

注：表中的整型在不同编译环境下会对应不同的字节数和取值范围。例如，int 类型在 Turbo C 中为其变量分配 2 字节空间，在 Visual C++中则分配 4 字节空间。

### 3.3.2 常量

C 语言的常量可分为普通常量和符号常量。一般情况下，常量不需要预先声明其类型即可直接使用，常量的类型由常量本身的标识决定。表 3-3 给出的是普通常量类型及实例。

表 3-3 普通常量类型及实例

| 类型 | 说明 | 实例 |
|---|---|---|
| 整型 | 整型常量可以是十进制、八进制或十六进制的常量。前缀指定基数：0x 或 0X 表示十六进制，0 表示八进制，不带前缀则默认表示十进制 | 85（十进制）<br>0213（八进制）<br>0x4b（十六进制）<br>30u（无符号整数） |
| 实型 | 浮点常量由整数部分、小数点、小数部分和指数部分组成，可以使用小数形式或者指数形式来表示浮点常量。<br>当使用小数形式表示时，必须包含整数部分、小数部分，或同时包含两者。<br>当使用指数形式表示时，必须包含小数点、指数或同时包含两者。带符号的指数是用 e 或 E 引入的 | 3.14159<br>314159E-5L |
| 字符型 | 字符常量括在单引号中，如'a'代表小写字母 a。<br>字符常量可以是一个普通的字符、一个转义序列，或一个通用的字符 | '0'（普通字符）<br>'\n'（转义字符，换行） |
| 字符串 | 字符串字面值或常量是括在双引号 "" 中的 | "hello, dear" |

C 语言中包含一类特殊的字符常量，以 "\" 开头，被称为转义字符，如表 3-4 所示。

表 3-4 转义字符

| 转义字符 | 含义 | 转义字符 | 含义 |
|---|---|---|---|
| \\ | \ 字符 | \n | 换行符 |
| \' | ' 字符 | \r | 回车 |
| \" | " 字符 | \t | 水平制表符 |
| \? | ? 字符 | \v | 垂直制表符 |
| \a | 警报铃声 | \ooo | 1 到 3 位的八进制数 |

续表

| 转义字符 | 含义 | 转义字符 | 含义 |
|---|---|---|---|
| \b | 退格键 | \xhh... | 一个或多个数字的十六进制数 |
| \f | 换页符 | | |

如例 3-1 程序中第 8 行的 "printf("%d 是闰年\t", i);" 语句中，"/t" 的作用是在输出年份后加一个"制表符间距"（输出格式见例 3-1 的运行结果）。

符号常量

符号常量是用标识符代表一个常量，在主函数中通常使用已定义的标识符来代替常量值。符号常量在使用前必须先定义，其一般形式为

```
#define 标识符 常量值
```

其中，#define 是预处理命令，其作用就是将标识符后的常量值赋给该标识符。在程序中，但凡出现该标识符都代表常量值。

通常符号常量的标识符使用大写字母，变量标识符使用小写字母。

【例 3-2】求圆的面积和周长并输出结果（保留两位小数）。

```
1   #include <stdio.h>
2   #define PI 3.1415926        //PI 为符号常量
3   int main()                  //主函数
4   {
5     float r,s,c;
6     printf("请输入圆的半径：");
7     scanf("%f",&r);
8     s=PI*r*r;
9     c=2*PI*r;
10    printf("圆的面积是%.2f，圆的周长是%.2f",s,c);
11    return 0;
12  }
```

当输入的半径为 2.34 时，其运行结果如下：

```
请输入圆的半径：2.34
圆的面积是17.20，圆的周长是14.70
```

程序中的第 2 行定义了一个符号变量 PI，相当于 π，常量值为 3.1415926。在主函数中计算圆的面积 s（第 8 行）和周长 c（第 9 行）时调用 PI，相当于使用 3.1415926 参与计算。第 7 行和第 10 行是输入/输出函数，其作用是接收用户输入的半径值（r），并输出圆的面积（s）和周长（c）。输入与输出函数中的"%f"和"%.2f"是格式字符，用于表示输入或输出数据的类型，而"%.2f"则限定了输出数据的小数位数，即保留小数点后两位。常用的格式字符如表 3-5 所示。

表 3-5 常用的格式字符

| 格式字符 | 含义 |
|---|---|
| %d | 十进制整型 |
| %ld | 十进制长整型 |
| %f | 单精度实型 |
| %lf | 双精度实型 |

续表

| 格式字符 | 含义 |
|---|---|
| %c | 单个字符 |
| %s | 字符串 |
| %e | 指数形式的实型 |
| %o | 八进制整型 |
| %x | 十六进制整型 |
| %md | 指定数据宽度为 m 的整数，如果实际数据的位数小于 m，则左端补空格；若大于 m，则按实际位数输出 |
| %m.nf | 指定数据宽度为 m 的实数，其中精度为 n，即小数点后位数。如果实际数据的位数小于 m，则左端补空格；若大于 m，则按实际位数输出；如果精度大于 n，则多出的小数位被舍去 |
| %-m.nf | 指定数据宽度为 m 的实数，其中精度为 n，即小数点后位数。如果实际数据的位数小于 m，则右端补空格；若大于 m，则按实际位数输出；如果精度大于 n，则多出的小数位被舍去 |

格式字符中的 m.n 用于限定输出数据的宽度和精度，默认情况下实际数据宽度小于定义宽度时，右对齐，左补空格；如果为-m.n，则左对齐，右补空格。使用 m.n 除了可以限定整数和实数外，对字符和字符串同样适用。例如，字符串 "abcdedf"，输出格式为 "%5.2s"，则限定输出的字符串长度为 5，但只取字符串左端 2 个字符，左侧补空格，即输出结果为 "　　　ab"。

### 3.3.3 变量

程序中调用的每一个变量都要先定义，后使用。一个变量实质上代表了内存中的某个存储单元，针对调用数据的不同而定义不同类型的变量。变量定义的一般形式如下：

数据类型　变量标识；

例如：

```
int  i,j;
float y=13.5;
char  ch1,ch2='a';
```

其中，i、j 是整型变量；y 是单精度实型变量；ch1 和 ch2 是字符类型变量。在定义变量的同时，可以进行初始化（赋初值），也可以使用赋值语句对变量进行赋值。

C 语言中的变量，按作用域可分为局部变量和全局变量。

（1）局部变量，也称为内部变量，其作用域仅限于函数内部。

例如：

```
float f1( int a)
{ int b,c;
  …
}
```

f1 是自定义函数，b、c 是 f1 的内部变量，即 b、c 只在 f1 内起作用。

```
int main( )
{ int m,n;
    …
    return 0;
}
```

主函数中的 m、n 也是局部变量，其作用域只限于主函数。

（2）全局变量，也称为外部变量，它是在函数外定义的变量。全局变量不属于某个函数，它可以被当前文件中的其他函数所共用，其作用范围从定义变量的位置开始到当前源文件结束。

例如：

```
int a,b;
int main()
  {
  int s;
  scanf("%d%d",&a,&b);
  s=a+b;
  printf("%d",s);
  return 0;
  }
```

其中，a、b 为全局变量，在主函数之外定义，在主函数内可直接使用。

# 3.4 表 达 式

由一系列运算符（operators）和操作数（operands）组成的式子，被称为表达式。C语言中包含着丰富的运算符和表达式。

C 语言中的运算符可分为算术运算符、赋值运算符、逻辑运算符、逗号运算符、条件运算符、强制类型转换运算符、关系运算符、位运算符、其他运算符等。下面重点介绍前 6 种运算符。

## 1. 算术运算符

算术运算符用于数值运算的表达式中，主要包括加、减、乘、除、求余、自加、自减、取反。算术运算符中的取反（-）运算符优先级最高，且具有右结合性（从右向左运算），其他运算符为左结合（从左向右运算）。此外，除法、求余和自加、自减运算具有以下特点。

- "/" 除法运算，除数不可为 0，且当两个整数相除时，结果为整数，如有小数则自动舍去。
- "%" 求余运算，操作数只能是整数或整型变量，结果为整型。
- "++" 自加运算和 "--" 自减运算，运算符前置则先 "自加/减" 后再参与表达式运算。如++i，--i，先执行 i=i+1 或 i=i-1，再调用 i 的值参与所在表达式运算；运算符后置，先取变量值参与表达式运算，之后再 "自加/减"，如 i++、i--，先调用 i 的值参与表达式运算，之后再执行 i=i+1（或 i=i-1）。

【例 3-3】分析以下程序并给出运算结果。

```
1  void main()
2  {
3    int a, b, c;
4    float d=15, e, f;
```

```
5    a=35%7;
6    b=15/10;
7    c=b++;
8    e=15/10;
9    f=d/10;
10   printf("%d,%d,%d,%f,%f,%f", a,b,c,d,e,f);
11   return 0;
12   }
```

该程序中定义了 3 个整型变量（第 3 行）和 3 个单精度实型变量（第 4 行），第 5～6 行和第 8～9 行分别是求余及整除运算，求余运算的操作数及结果都为整数，除法运算的两个操作数如果都为整数则结果也为整数，故第 5 行和第 6 行的存储结果的变量 a、b 在输出语句中对应的格式字符为"%d"（第 10 行），而第 9 行的 d 为 float 型，所以 f 也为 float 型，对应的输出格式字符为"%f"。第 7 行中的"c=b++"为后置自加运算，则先运算"c=b"，之后 b 自加 1。所以，该程序的运行结果为：0,2,1,15.000000,1.000000,1.500000。

### 2. 赋值运算符

赋值运算完成将右边的值赋给左边的变量，其运算符包含普通赋值运算符"="和复合赋值运算符"+="" -="" *="" /="" %="。复合的赋值运算是算术运算和赋值运算的简写形式，如 m%=3+n 等价于 m=m%(3+n)。赋值运算符的左边必须是变量，右边可以是 C 语言任意合法的表达式。

### 3. 逻辑运算符

逻辑运算符包括逻辑与（&&）、逻辑或（||）和逻辑非（!）3 种，其表达式按照从左至右的顺序执行，一旦能够确定逻辑表达式的值，就立即结束运算。其运算规则如表 3-6 所示。

表 3-6　逻辑运算规则

| a | b | !a | !b | a&&b | a\|\|b |
|------|------|----|----|------|------|
| 非 0 | 非 0 | 0 | 0 | 1 | 1 |
| 非 0 | 0 | 0 | 1 | 0 | 1 |
| 0 | 非 0 | 1 | 0 | 0 | 1 |
| 0 | 0 | 1 | 1 | 0 | 0 |

### 4. 逗号运算符

使用逗号运算符将多个表达式连接起来的式子称为逗号表达式，表达式的一般形式如下：

```
表达式 1，表达式 2，…，表达式 n
```

运算时先求解表达式 1，再求解表达式 2，以此类推，最后求解表达式 n，逗号表达式的值为表达式 n 的值。

### 5. 条件运算符

条件运算符是 C 语言中唯一的一个三目运算符，由条件运算符连接操作数构成的式子称为条件表达式，其一般形式如下：

表达式 1 ？表达式 2 ：表达式 3

对表达式 1 求解，若表达式 1 的值为真（非零），则执行表达式 2，否则执行表达式 3。

### 6. 强制类型转换运算符

在 C 语言中，可以利用强制类型转换运算符将一个表达式转换成所需要的类型。强制转换的一般形式如下：

(类型名)（表达式）

例如：

(double)a：将 a 的值转换成 double 类型。

(int)(x+y)：将 x+y 的值转换成整型。

(float)(5%3)：将 5%3 的值转换成 float 型。

数据类型转换

在 C 程序中，运算符具有优先级，一个表达式中的多个运算符依据其优先级顺序进行运算。常见的运算符及优先级如表 3-7 所示。

**表 3-7　常见的运算符及其优先级**

| 类型 | 运算符 | 优先级 | 基本运算符优先级 |
|---|---|---|---|
| 算术运算符 | +、-、*、/、%、++、-- | -（取反）、++、--　同级 <br> *、/、%　　+、-（减） <br> 同级　　　同级 <br> 高 ←——— 低 | 高　！<br>算术运算符<br>关系运算符<br>&&<br>‖<br>条件运算符<br>赋值运算符 |
| 赋值运算符 | =、+=、-=、*=、/=、%= | / | |
| 关系运算符 | >、<、>=、<=、==、!= | >、>=、<、<=　　==、!= <br> 同级　　　同级 <br> 高 ←——— 低 | |
| 逻辑运算符 | &&、‖、！ | !、&&、‖ <br> 高 ←——— 低 | 低 |
| 条件运算符 | ?: | / | |
| 逗号运算符 | , | / | |

## 3.5　键盘输入与屏幕输出

C 语言中接收用户输入数据的语句，被称为输入语句。C 语言本身不提供输入语句，输入功能是通过库函数实现的。常见的输入/输出函数有格式输入/输出函数和字符输入/输出函数。

1. 格式输入/输出函数

格式输入/输出函数适用于各种类型数据的输入/输出操作，其一般形式如下：
- 输入函数：scanf(<格式控制字符串>,<地址列表>)。
- 输出函数：printf(<[格式控制]字符串>,[变量列表])。

"格式控制字符串"由普通字符和格式字符组成，普通字符原样输入/输出，格式字符控制输入/输出数据的类型、宽度和精度（实数）。表 3-1 列出了常用的格式字符，其中通过"m.n"格式限定输出数据的宽度和精度。
- 输出宽度：规定输出的最小宽度为 m 位，不够 m 位默认左补空格。
- 精度：对于实数，n 表示小数的位数，如果实际结果的小数位大于所定义的精度数，则截掉超出部分；对于字符串，表示截取字符串的前 n 个字符。

输入函数 scanf()中的"地址列表"是存储输入数据的变量地址。输出函数 printf()的"格式字符"和"变量列表"都可以缺省，此种情况下往往输出的是"提示信息"。

【例 3-4】输入 3 个数，分别为 65、32、56.7，并按字符格式、整型格式及带两位小数的实型格式输出。源程序如下：

```
1  #include<stdio.h>
2  int main()
3  { int a,b; float c;
4    scanf("a=%d,b=%d,c=%f",&a,&b,&c);
5    printf("a=%c,b=%d,c=%.2f",a,b,c);
6    return 0;
7  }
```

输入形式：
```
a=65,b=32,c=56.7
```
运行结果：
```
a=A,b=32,c= 56.70
```

2. 字符输入/输出函数

C 语言中可以使用 scanf()和 printf()函数，通过"%c"格式进行字符的输入/输出操作。除此之外，C 语言函数库还提供了专门用于字符输入/输出的函数，主要包含如下几类。

1）单个字符输入函数：getchar()、getche()、getch()
- getchar()函数包含在"stdio.h"文件中，其作用相当于 scanf("%c", c)的一个简化操作，接收从键盘输入的 1 个字符。

【例 3-5】使用 getchar()函数输入 1 个字符。源程序如下：

```
1  #include <stdio.h>
2  int main()
3  {
4    char c;
5    printf("请输入1个字符:");
6    c=getchar();
7    printf("\n输出字符为: %c\n", c);
8    return 0;
9  }
```

当输入 1 个字符 "a" 后按回车键，其运行界面如下：

- getche()函数包含在 "conio.h" 头文件中，这个头文件没有缓冲区，输入一个字符后会立即读取，不用等待用户按下回车键，这是它与 scanf()、getchar()函数的最大区别。此外，getche()函数默认只能在 Windows 下使用，不能在 Linux 和 MacOS 下使用。

【例 3-6】使用 getche()函数输入 1 个字符。源程序如下：

```
1  #include <stdio.h>
2  #include <conio.h>
3  int main()
4  {
5      char c;
6      printf("请输入单个字符 c:");
7      c=getche();
8      putchar(' \n');
9      printf("c: %c\n", c);
10     return 0;
11 }
```

当输入字符 "a" 时，其运行界面如下：

请输入单个字符c:a
c: a
请按任意键继续. . .

输入字符 "a" 后，getche()函数立即读取完毕，继续执行 printf()函数输出结果，不需要按回车键便可得到结果，程序运行结束。

- getch()函数包含在 "conio.h" 文件中，也没有缓冲区。输入一个字符后会立即读取，不用按回车键。getch()函数默认只能在 Windows 下使用，不能在 Linux 和 MacOS 下使用。getch()函数的特别之处在于它没有回显，即在运行界面上看不到输入的字符。回显在大部分情况下是有必要的，它能够与用户及时交互，让用户清楚地看到自己输入的内容。但在某些特殊情况下却不希望有回显，如输入密码，有回显则容易被偷窥。

【例 3-7】使用 getch()函数输入 1 个字符。源程序如下：

```
1  #include <stdio.h>
2  #include <conio.h>
3  int main()
4  {
5      char c;
6      printf("请输入单个字符:");
7      c=getch();
8      putchar(' \n');
9      printf("\n 输出字符为: %c\n", c);
10     return 0;
11 }
```

当输入字符 "a" 时，其运行界面如下：

输入"a"后，getch()函数会立即读取完毕，接着继续执行 printf()函数。因为 getch()函数没有回显，所以运行界面上看不到输入的"a"字符。

2）单个字符输出函数：putchar()

putchar(参数)函数与 getchar()函数对应，其作用是输出"参数"所对应的 1 个字符。其括号中的参数可以是字符常量格式（如'a'）的字符常量或转义字符，也可以是字符类型的变量。

【例 3-8】使用 putchar()函数输出 1 个字符。源程序如下：

```
1  #include <stdio.h>
2  int main()
3  {
4      char c;
5      printf("请输入 1 个字符:");
6      c=getchar();
7      printf("输出字符为:");
8      putchar(c);
9      return 0;
10 }
```

当输入 1 个字符"a"后按回车键，其运行界面如下：

3）字符串输入/输出函数：gets()和 puts()

gets()函数和 puts()函数也是字符类型数据的专用输入/输出函数。与 getchar()、putchar()函数不同的是，它们可以操作的对象是由多个字符组成的 1 个"串"。

【例 3-9】使用 gets()函数和 puts()函数输入/输出一串字符。源程序如下：

```
1  #include <stdio.h>
2  #include <string.h>
3  int main()
4  {
5      char str[10];
6      printf("请输入一串字符: ");
7      gets(str);
8      printf("输入的字符串是: ");
9      puts(str);
10     return 0;
11 }
```

当输入 1 个字符串"adsdf"后按回车键，其运行界面如下：

gets()函数是有缓冲区的，每次按回车键，就代表当前字符串输入结束，与 scanf()函数的主要区别如下。

● scanf()函数读取字符串时以空格为分隔，遇到空格就认为当前字符串结束了，所以无法读取含有空格的字符串。

- gets()函数认为空格也是字符串的一部分,只有遇到回车键时,才认为字符串输入结束,所以 gets()函数能读取含有空格的字符串,而 scanf()函数不能。

C 语言中常用的从控制台读取数据的函数有 scanf()、getchar()、getche()、getch()和 gets()。其中,scanf()、getchar()、gets()是标准函数,适用于所有平台;而 getche()和 getch()不是标准函数,只能用于 Windows 平台。

# 3.6  C 基本语句

语句是向计算机系统发出的操作指令,一个 C 语句经过编译后产生若干机器指令。C 语言的语句可分为 5 类:控制语句、函数调用语句、表达式语句、空语句、复合语句。每条语句结束都必须在末尾加 ";"。

## 1. 控制语句

控制语句用于对程序执行过程的控制,C 语言中的控制语句包含 3 类,共 9 种。

- 分支结构语句:if...else 条件语句,switch 开关语句(多分支结构)。
- 循环结构语句:for 循环语句,while 循环语句(当型),do...while 循环语句(直到型)。
- 其他语句:break 间断语句,continue 继续语句,return 返回语句,goto 转向语句(不建议使用)。

## 2. 函数调用语句

函数调用语句是指由一个函数调用加一个分号构成的一个语句,如 "printf("I'm a student!");"。

## 3. 表达式语句

表达式语句是指由一个表达式加一个分号构成的一个语句,如 "y=x+36;"。

## 4. 空语句

空语句是由一个分号构成,可用作程序转向点和什么也不做的循环体,如 "while(i<=11);"。

## 5. 复合语句

使用{}把某一结构中的多条语句括起来形成复合语句(又称语句块),其形式如下:

```
while(i<10)
{
    s=s+i;
    i++;
}
```

上例中，由 "s=s+i;" 和 "i++;" 两条语句构成的复合语句是 while 的循环体。当循环条件为 "真" 时，重复执行循环体中的两条语句。

## 本 章 小 结

C 语言是面向过程的语言，其主要优点是运行速度快、运算符和数据结构丰富。C 语言中包含了 32 个关键字、9 种控制语句、34 种运算符，是一种大小写敏感的语言。C 语言允许通过指针直接访问物理地址，对硬件进行操作。本章主要围绕 C 语言程序结构，介绍了 C 语言的基本语法，包括数据类型、运算符、表达式及语句。通过本章的学习，读者可以了解 C 语言的基本特点，能够使用 C 语言编写程序处理计算问题。

## 习 题

### 一、基础巩固

1. 以下程序的运行结果是_____。

```
#include <stdio.h>
int main()
{
    int x=1,y=2;
    printf("x=%d y=%d *sum*=%d\n",x,y,x+y);
    printf("10 Squared is:%d\n",10*10);
    return 0;
}
```

2. 以下程序若输入 100 并按回车键，则运行结果是_____。

```
#include <stdio.h>
int main()
{
    int a ;
    scanf("%d",&a);
    printf("%s",(a%2!=0)? "No":"Yes");
}
```

3. 以下程序实现的功能是输入一个字符，输出该字符的后 4 位，请将程序补充完整。

```
#include<stdio.h>
int main()
{
    int c1;
    c1=getchar();
    putchar(_____);
    return 0;
}
```

4. 以下程序的功能是输出 s1,x,y 的值，保留原小数位数，请将程序补充完整。

```
#include<stdio.h>
int main()
```

```
{
    float x=655.35;
    double y=765.4271;
    char s1='c';
    printf("_____",s1,x,y);
    return 0;
}
```

## 二、能力提升

1. 编写程序，将 10000 秒转换成以 "xx 时 xx 分 xx 秒" 格式输出。

2. 编写程序分析 "努力的你" 和 "退步的你"，一年后的改变。具体法则如下。

1.01 和 0.99 法则：假如一年 365 天，你每天进步 0.01 和每天退步 0.01，则一年后你的变化如何？

# 第4章 选择结构

**知识要点**

➤ 选择结构及其适用问题。
➤ 选择结构的分类与语法结构。
➤ if 与 else 的匹配原则。
➤ switch 语句中 break 语句的作用。
➤ 选择结构的嵌套使用。

在现实生活中，很多事务的处理都是依据条件执行不同的操作，比如学生考试成绩如果小于 60 分则不及格，否则及格；如果能被 2 整除则为偶数；如果是闰年则 2 月就有 29 天，等等。此类问题需要先判断待处理问题是否满足限定的条件。在 C 语言中，依据条件进行处理的问题需要使用选择结构（分支结构）。

选择结构一般分为单分支选择结构、双分支选择结构和多分支选择结构。C 语言中可以使用 if 和 switch 来实现选择结构。

## 4.1 if 语句

if 语句是 C 语言中最常见的选择结构，包含 if 单分支结构、if 双分支结构和 if 多分支嵌套结构。

1. if 单分支结构

【例 4-1】任意输入 1 个整数，如果是偶数则输出。
【问题分析】

当输入的整数 n 能被 2 整除时，则此数为偶数。此问题中没有对非偶数的操作要求，故只考虑"n%2==0"的情况。算法流程图如图 4-1 所示。

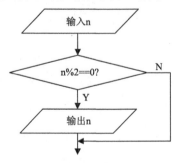

图 4-1 算法流程图

图 4-1 中的"n%2==0"是判断条件，当条件为"真"时，则"输出 n"，条件为"假"则不执行任何操作。该算法中只包含了一个为"真"的单分支结构。if 单分支结构的一般形式如下：

```
if(判断条件) 语句 A；
```

当判断条件为"真"时则执行语句 A。

例 4-1 的源程序如下：

```
1  #include <stdio.h>
2  int main()
3  {
4     int n;
5     printf("请输入 1 个整数：");
6     scanf("%d", &n);
7     if (n%2==0) printf("%d是偶数", n);
8     return 0;
9  }
```

源程序的第 7 行是 if 语句，其判断条件中的"=="为关系运算符"是否等于"。如果 n 能被 2 整除，则输出"n 是偶数"，如果 n 不能被 2 整除，则结束程序。

当输入 20 时，程序运行结果如下：

```
请输入1个整数：20
20是偶数
```

**2. if 双分支结构**

【例 4-2】为了保护未成年人，规定未成年人不得进入网吧上网。请为网吧编写程序实现合法性判断。

【问题分析】

判断某人能否进入网吧上网的条件是"是否成年"，该条件可依据年龄（age）进行判断，包括以下两种情况：

- age≥18，是成年人，允许进入。
- age<18，是未成年人，不允许进入。

通过以上两个条件进行合法性判断，其算法流程图如图 4-2 所示。

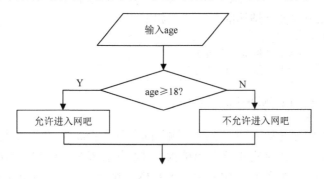

图 4-2 算法流程图

图 4-2 中的 "age≥18" 是判断条件，"Y" 和 "N" 为 "真" 和 "假" 的两个分支，该算法为双分支结构。其源程序如下：

```
1   #include <stdio.h>
2   int main()
3   {
4       int age;
5       printf("请输入您的年龄：");
6       scanf("%d", &age);
7       if (age>=18)
8           printf("您是成年人，可以进入网吧！\n");
9       else
10          printf("抱歉，您还未成年，不宜进入网吧！\n");
11      return 0;
12  }
```

源程序中的第 7~10 行通过双分支 if 语句实现年龄判断。if 双分支结构的一般形式如下：

```
if(判断条件)
    语句A;
else
    语句B;
```

判断条件如果为 "真"，则执行语句A；如果为假，则执行语句B。

例 4-2 源程序的第 7 行是 if 判断，第 8 行是为 "真" 时的分支语句。第 9 行的 else 是为 "假" 时的分支语句。当条件为 "假" 时，则执行 else 后的第 10 行语句。

当输入的年龄为 17 时，其运行结果如下：

```
请输入您的年龄：17
抱歉，您还未成年，不宜进入网吧！
Press any key to continue
```

当输入的年龄为 23 时，其运行结果如下：

```
请输入您的年龄：23
您是成年人，可以进入网吧！
```

### 3. if 多分支嵌套结构

如果求解问题中包含多个条件，则可以使用多个 if 单分支结构，也可以通过 if 的嵌套结构实现。if 多分支嵌套结构的一般形式如下：

```
if(判断条件1)语句1
    else if(判断条件2) 语句2
        else if(判断条件3) 语句3
                    ⋮
            else if(判断条件m) 语句m
                else    语句m+1
```

if 嵌套的执行顺序是从上到下依次检测判断条件是否成立，当某个判断条件成立时，则执行其对应的语句，之后跳出此嵌套结构，继续执行多分支结构之后的代码。如果所有判断条件都不成立，则执行语句 m+1，然后继续执行多分支语句之后的代码。

【例 4-3】任意输入 1 个字符并判断它是哪类字符。

【问题分析】

常见字符主要分为控制字符、数字、大写字母、小写字母、其他类。对输入的字符 c 进行判断时，可依据输入的字符判断，也可根据输入字符的 ASCII 码判断，判断条件如下。

- 条件 1：c<32 时，是控制字符。
- 条件 2：c>='0' && c<='9'时，是数字。
- 条件 3：c>='A' && c<='Z' 或 c>=65 && c<=90 时，是大写字母。
- 条件 4：c>='a' && c<='z' 或 c>=97 && c<=122 时，是小写字母。
- 以上条件都不满足的属于其他字符。

例 4-3 中包含了 4 个条件，其算法流程图如图 4-3 所示。

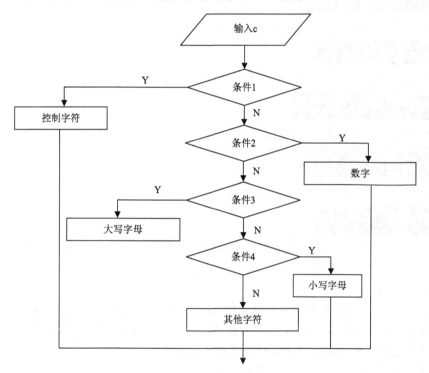

图 4-3 算法流程图

该算法的源程序如下：

```
1  #include <stdio.h>
2  int main(){
3      char c;
4      printf("请输入一个字符：");
5      c=getchar();
6      if(c<32)
7          printf("这是一个控制字符\n");
8      else if(c>='0'&&c<='9')
9          printf("这是1个数字\n");
```

```
10          else if(c>='A'&&c<='Z')
11              printf("这是一个大写字母\n");
12              else if(c>='a'&&c<='z')
13                  printf("这是一个小写字母\n");
14              else
15                  printf("这是一个其他类字符\n");
16      return 0;
17  }
```

源程序中的第 6～15 行是 if 的为"假"分支嵌套，用于支持不同类型字符的判断条件。

当输入的字符是*时，其运行结果如下：

```
请输入一个字符: *
这是一个其他类字符
```

当输入的字符是回车时，其运行结果如下：

```
请输入一个字符:
这是一个控制字符
```

当输入的字符是 8 时，其运行结果如下：

```
请输入一个字符: 8
这是1个数字
```

当输入的字符是 g 时，其运行结果如下：

```
请输入一个字符: g
这是一个小写字母
```

当输入的字符是 D 时，其运行结果如下：

```
请输入一个字符: D
这是一个大写字母
```

针对具有明确的多个条件的问题，也可以使用多个 if 单分支结构来实现。

【例 4-4】输入 3 个整数，找出其中的最大值并输出。

【问题分析】

此类问题可以使用 if 嵌套，也可以使用两个 if 单分支结构来实现。假设输入的 3 个整数分别存储在变量 x、y、z 中，则需要对 x、y、z 进行两两比较，将最大值使用 max 变量来暂存，最后输出的 max 即 3 个数中的最大值。

【程序代码】使用 if 单分支结构的伪代码如下：

```
1  begin:
2    int x,y,z,max
3    scanf(x,y,z)
4    max=x
5    if(max<y)max=y
6    if(max<z)max=z
7    printf(max)
8  end.
```

【思考】使用 if 嵌套如何实现求 3 个数中的最大值？

使用 if 嵌套时，if 与 else 既可以成对出现，也可以不成对出现。else 与 if 的配对原则是"else 总是与其上方最近且未配对的 if 配对"。

# 4.2 switch 语句

虽然，使用 if 嵌套或多个 if 分支结构可以解决多条件问题，但是如果条件过多，就会导致分支较多，if 语句层数过多，使得程序冗长且可读性差。C 语言中可以使用 switch 语句直接处理多分支问题。

【例 4-5】某门课成绩分为"A、B、C、D、E"五个等级，分别对应"优、良、中、及格、不及格"五种情况，请根据输入的等级，判断成绩情况。

【问题分析】

成绩的五个等级分别对应以下情况。

- A：课程成绩为 90～100 分，优！。
- B：课程成绩为 80～89 分，良！。
- C：课程成绩为 70～79 分，中！。
- D：课程成绩为 60～69 分，及格！。
- E：课程成绩为<60 分，不及格！。

当从键盘输入一个字符时，与 A～E 五个等级进行比较，如果输入的字符为 A～E 中的一个字符，则输出该字符所对应的成绩情况。如输入字符为 A，则输出"课程成绩为 90～100 分，优！"。如果输入的字符不是 A～E 这五个字符，则输出"无效的成绩"。

程序流程图如图 4-4 所示。

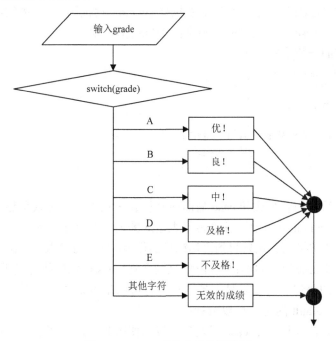

图 4-4　switch 多分支结构流程图

【程序代码】使用 switch 语句的源程序如下：

```
1  #include <stdio.h>
```

```
2   int main ()
3   {
4   char grade;
5   printf("请输入你的成绩等级（如A、B、C等）: ");
6   scanf("%c",&grade);
7   printf("你的成绩情况是: ");
8   switch(grade)
9   {
10    case 'A' : printf("90～100分，优! \n" ); break;
11    case 'B' : printf("80～89分，良! \n" ); break;
12    case 'C' : printf("70～79分，中! \n" ); break;
13    case 'D' : printf("60～69分，及格! \n" ); break;
14    case 'E' : printf("<60分，不及格! \n" ); break;
15    default : printf("无效的成绩\n" );
16    }
17  return 0;
18  }
```

当输入"B"后，按回车键，其运行结果如下：

```
请输入你的成绩等级（如A、B、C等）: B
你的成绩情况是: 80～89分，良!
```

当输入"e"后，按回车键，其运行结果如下：

```
请输入你的成绩等级（如A、B、C等）: e
你的成绩情况是: 无效的成绩
```

源程序中的第 8～16 行是 switch 多分支语句，执行该分支结构时，根据从键盘输入的"grade"的字符来决定要执行 switch 中的哪个 case 语句。如果输入的值没有 case 值与其对应，则执行 default 后的语句。

switch 语句

switch 语句的一般形式如下：

```
switch(表达式)
{  case 常量表达式1:[语句序列1];
   case 常量表达式2:[语句序列2];
   …
   case 常量表达式n:[语句序列n];
   [default:    语句序列n+1];
}
```

说明：

（1）switch 后面的表达式和 case 后面的常量表达式的值，必须是整型或字符型。

（2）同一个 switch 语句中，各个常量表达式的值必须互不相等。

（3）case 后的常量表达式只起到语句标号的作用，在执行完某个 case 的语句序列后，会继续执行下一个 case 语句后的语句序列，直到遇到 break 语句或执行完下面所有的语句。

（4）case 后的语句序列可以是一条语句，也可以是多条语句，不必用{}括起来。

（5）case 与 default 的位置可以交换。

一般情况下，在执行一个 case 子句后，应当使用 break 语句跳出 switch 结构，最后一个 case 或 default 语句可不加 break 语句。

例如，以下程序段：

```
int k=2;
```

```
switch(k)
{  case 1: printf("%d  ",k++);break;
   case 2: printf("%d  ",k++);break;
   case 3: printf("%d  ",k++);break;
   case 4: printf("%d  ",k++);break;
   default:  printf("data error!\n");
}
```

case 语句后面有 break 语句时，其结果为：2。

如果把 case 的 break 语句去掉。例如，以下程序段：

```
int k=2;
switch(k)
{  case 1: printf("%d  ",k++);
   case 2: printf("%d  ",k++);
   case 3: printf("%d  ",k++);
   case 4: printf("%d  ",k++);
   default:  printf("data error!\n");
}
```

其结果为：2  3  4  data error!

当执行完对应的 case 后，因为没有 break 语句控制其强制退出 switch 结构，所以会继续顺序执行 switch 中该 case 后面的所有语句。

多个语句可以共用一个 case。当多个条件对应执行相同的操作时，可省略重复执行的语句，只需要将该操作放到共用执行语句中的最后一个 case 语句即可。例如：

```
switch(k)
{  case 1:
   case 2: printf("*****");break;
   case 3:
   case 4: printf("#####");break;
   default:  printf("enter data error!\n");
}
```

当 k 的值为 1 或 2 时，都会输出"*****"；当 k 的值为 3 或 4 时，都会输出"#####"。

switch 嵌套同 if 嵌套一样，在 switch 语句中也可以嵌套 switch 语句。例如：

```
switch(a)
{  case 1:printf("*****");break;
   case 2:
      switch(b){
              case 3: printf("&&&&&\n");break;
              case 4: printf("#####\n");break;
                  default:  printf("data error!\n");
      }
}
```

当 a=1 时，输出"*****"；

当 a=2 且 b=3 时，输出"&&&&&"；

当 a=2 且 b=4 时，输出"#####"；

其他情况时，输出"data error!"。

# 4.3 选择结构综合应用

【例 4-6】任意输入一个日期（四位年两位月两位日），判断这一天是这一年的第几天？
【问题分析】

以 3 月 5 日为例，应该先把前两个月的天数加起来，再加上当前月的天数，即加 5
天。特殊情况，闰年且输入月份大于 2 时需考虑多加一天。

【程序代码】例 4-6 的源程序如下：

```c
#include <stdio.h>
int main()
{   int day,month,year,sum,leap;
    printf("\n请输入年-月-日：\n");
    scanf("%d-%d-%d", &year,&month, &day);
    switch(month)/*先计算某月以前月份的总天数*/
        {   case 1:sum=0 ;break;
            case 2:sum=31;break;
            case 3:sum=59;break;
            case 4:sum=90;break;
            case 5:sum=120;break;
            case 6:sum=151;break;
            case 7:sum=181;break;
            case 8:sum=212;break;
            case 9:sum=243;break;
            case 10:sum=273;break;
            case 11:sum=304;break;
            case 12:sum=334;break;
            default:printf("data error");
        }
    sum=sum+day;    /*再加上某天的天数*/
    if(year%400==0||( year%4==0&&year%100!=0 ))   /*判断是不是闰年*/
    leap=1;
    else leap=0;
        if( leap==1 && month>2 ) /*如果是闰年且月份大于2,总天数应该加一天*/
        sum+=1;
    printf("这一天是这一年的第%d天。",sum);
    return 0;
}
```

## 本 章 小 结

在很多情况下，需要根据是否满足某个条件来决定是否执行指定的操作任务，或者
从给定的两种或多种操作中选择其一执行，这就需要使用选择结构。C 语言的选择结构
主要包含 if 结构和 switch 结构。if 结构可分为单分支、双分支和多分支，其中多分支是
通过 if 嵌套来实现的，if 嵌套既可使用在"真"分支中，也可使用在"假"分支中，通

常作为"假"分支的嵌套使用。switch 结构主要针对多条件问题，其表达式只能是整型或字符型，依据表达式的值执行对应的 case 子句。通常，在执行一个 case 子句后，应当使用 break 语句使流程跳出 switch 结构，最后一个 case 或 default 语句可不加 break 语句。switch 语句也可以嵌套。

# 习　题

## 一、基础巩固

1. 分析以下程序的功能，并补全代码。

```
#include <stdio.h>
int main()
{ int a,b;
  printf("请输入 a,b 的值: ");
  scanf("%d,%d",&a,&b);
  if(_____)  printf("%d 大于%d",a,b);
  else if(a<b)  printf("%d 小于%d",a,b);
    else    printf("%d 等于%d",a,b);
  return 0;
}
```

以上程序的功能是: _____。

2. 以下程序根据输入的三条边判断是否能构成三角形,若能构成三角形则输出它的面积和三角形的类型,请在横线上填写正确内容。

```
#include <stdio.h>
#include <math.h>
int main()
{ float  a, b , c ;
  float  s , area ;
  scanf("%f,%f,%f" , &a, &b ,&c);
  if (_____)
  {  s=(a+b+c)/2;
     area= sqrt(s*(s-a)*(s-b)*(s-c));
     printf("三角形的面积为: %f\n",area);
     if (_____)
        printf("等边三角形\n");
     else if (_____)
           printf("等腰三角形\n");
        else if((a*a+b*b==c*c)|| (a*a+c*c==b*b)|| (c*c+b*b==a*a))
           printf("直角三角形\n");
        else  printf("一般三角形\n");
  }
  else  printf("不能组成三角形\n");
  return 0;
}
```

请输入三条边的边长: _____, 其运行结果是: _____

3. 以下程序的运行结果是：_____。

```c
#include<stdio.h>
int main()
{ int a=1,b=2,c=3,d=0;
  if(a==1 &&b++==2)
    if(b!=2 || c--!=3)
      printf("%d,%d,%d\n",a,b,c);
    else printf("%d,%d,%d\n",a,b,c);
  else printf("%d,%d,%d\n",a,b,c);
  return 0;
}
```

4. 以下程序的运行结果是：_____。

```c
#include<stdio.h>
int main( )
{ int c=0,k=3;
  switch(k)
  {default:  c+=k;
    case 2:c++;break;
    case 4:c+=2;break;
  }
  printf("%d\n",c);
  return 0;
}
```

## 二、能力提升

1. 请编程实现。

某邮局对邮寄包裹有如下规定：若包裹的长、宽、高任一尺寸超过 1m 或重量超过 30kg，则不予邮寄；对可以邮寄的包裹每件收手续费 2 元，再加上根据表 4-1 按重量计算的邮资。

表 4-1  计算邮资的标准

| 重量/kg | 收费标准/元 |
| --- | --- |
| wei≤10 | 0.80 |
| 10<wei≤20 | 0.75 |
| 20<wei≤30 | 0.70 |

2. 请编程实现，根据以下标准，将输入的百分制成绩对应到相应等级。

等级转换标准：90 分及以上为 A，81~89 分为 B，70~79 分为 C，60~69 分为 D，60 分以下为 E（使用三种结构来实现）。

# 第 5 章 循 环 结 构

## 知识要点

➤ 循环结构及其适用的问题。

➤ 循环结构中循环条件与循环体的确定方法。

➤ while、do...while、for 三种循环语句的差异，以及相互转换。

➤ goto、break 和 continue 语句的作用。

➤ 多重循环可解决的问题及其实现方法。

在解决许多实际问题时，往往需要有规律地重复某些操作，如向计算机输入全学院 260 名 2018 级新生的年龄。按照原始解决办法，需要执行 "scanf("%d",&age);" 这一输入语句 260 次。再如计算全班 50 名同学的 "C 语言程序设计" 课程的平均成绩，按照原始解决办法，需要将 50 个成绩变量全部加起来再除以 50。如果需要进一步统计全年级该门课的平均成绩呢？这样一来，程序就会冗长、重复、难以阅读和修改。实际上，C 语言甚至每一种高级语言都提供了循环控制，只需很少的语句，便可处理那些需要进行大量重复的操作，使程序变得简洁易读。

循环结构、顺序结构和选择结构是结构化程序设计的三种基本结构，它们是各种复杂程序的基本构成单元。熟练掌握这三大程序控制结构是程序设计的基本要求，也是复杂编程的基础。另外，本章会通过实例介绍穷举和迭代两种常见的重要算法。

## 5.1 循 环 语 句

C 语言提供 while、do...while、for 三种循环语句来实现循环控制。一般情况下这三种循环语句可以相互转换。

### 5.1.1 用 while 实现循环

while 语句是当型循环控制语句，其一般形式如下：

```
while（表达式）
{
    循环体语句；
}
```

其中，表达式为循环条件，循环体语句为要反复执行的操作。

while 后面的括号()不能省略，括号内的表达式可以是任意类型的表达式，如关系表达式、逻辑表达式、算数表达式、常量等，表达式的值是循环的控制条件。

while 语句的执行过程是：首先执行表达式的值，如果表达式的逻辑值为非 0（真），

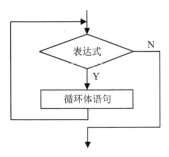

图 5-1　while 语句执行过程

即条件成立，则执行循环体语句；然后重新返回计算表达式的值，再次判断值是否为真，如果为真，则再次执行循环体语句，如此循环往复。如果某次表达式的值为 0（假），则退出 while 循环结构，如图 5-1 所示。

【例 5-1】编写程序计算全班前十名同学的"C 语言程序设计"课程的平均成绩。

【问题分析】

（1）定义一个计数变量，赋初值为 0，再定义存储个人成绩、和值及平均值的变量。

（2）每次循环都输入一个成绩，则计数变量递增 1。

（3）将每次输入的学生成绩累加，并将累加和存储到和值变量中。

（4）最终的和值除以总人数 10，求得平均成绩。

（5）输出平均成绩。

流程图如图 5-2 所示。

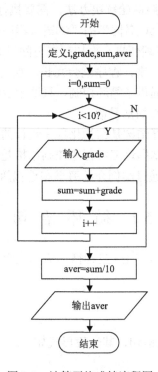

图 5-2　计算平均成绩流程图

【程序代码】

```
1  #include<stdio.h>
2  int main()
3  {
4     int i=0;
5     float grade, sum, aver;
```

```
 6        sum=0;                      //和值变量 sum 初始化为 0
 7        printf("please enter grade: ");
 8        while(i<10)
 9        {
10            scanf("%f",&grade);
11            sum+=grade;          //进行累加
12            i++;
13        }
14        aver=sum/10;
15        printf("the aver is %f\n",aver);
16     return 0;
17     }
```

【运行结果】

```
please enter grade: 88 76 72 85 90 66 79 84 92 70
the aver is 80.199997
```

【程序注解】

（1）变量 i 为计数变量，通过第 12 行 "i++" 计算循环次数；同时作为控制循环结束的条件变量。当 i 自增到值为 10 时，下一次循环条件就不成立了，循环结束。

（2）第 4 行的计数变量 i 和第 6 行的和值变量 sum 赋初始值不能省略，若没有给定初始值，则它们二者初始均默认为随机值，结果并不正确，请上机调试。

【拓展思考】

本例中循环体执行了 10 次，即输入了 10 名学生的成绩求平均分。假如要求全年级 260 名学生的平均成绩，应该如何修改程序？请上机调试。

【例 5-2】编写程序计算一个住户一年的电费总和（每月电费由键盘输入）。

【问题分析】

（1）定义一个变量存储每个月的电费。

（2）循环输入 12 个月的电费。

（3）计算 12 个月的电费总和。

（4）输出总费用。

流程图如图 5-3 所示。

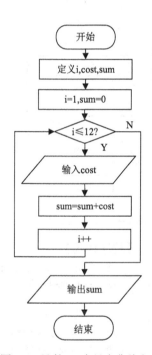

图 5-3 计算 12 个月电费总和

【程序代码】

```
1    #include<stdio.h>
2    int main()
3    {
4      float cost,sum=0.0;
5      int i=1;
6      printf("please enter cost:");
7      while(i<=12)                    //月数小于或等于 12 个月
8      {
```

```
9        scanf("%f",&cost);        //循环输入每个月的电费
10       sum+=cost;                //费用累加
11       i++;
12   }
13   printf("\nthe sum of electric cost is %.1f",sum);
14   return 0;
15 }
```

【运行结果】

```
please enter cost:120 110 130 220 210 200 150 180 165 170 180 145
the sum of electric cost is 1980.0
```

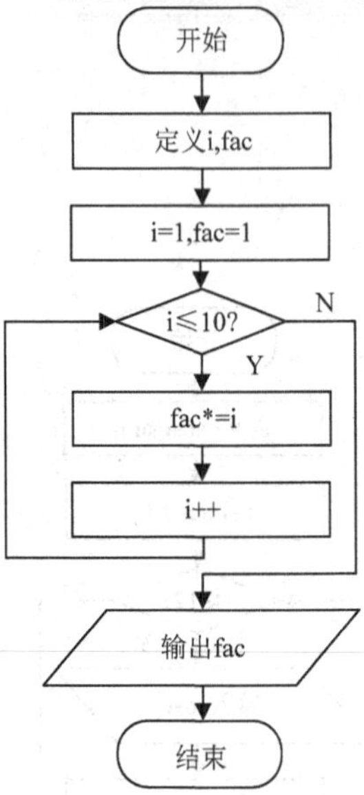

图 5-4   求 n!的流程图

【程序注解】

需要输入 12 个月的电费，因此第 9 行输入语句应放在循环体中。

循环的三要素包括循环变量的初始值、循环条件、循环体。在用循环结构编程解决问题时，要重点分析这三要素。

【拓展思考】

每月电费超过 90 元的共有几个月？应如何修改程序？请上机调试。

【例 5-3】编程求解 10!。

【问题分析】

（1）定义一个累乘变量并赋初始值为 1。

（2）每次累乘的数比前一个数增加 1。

（3）将累乘数（即循环变量）累乘到累乘变量中。

（4）输出总数。

流程图如图 5-4 所示。

【程序代码】

```
1  #include<stdio.h>
2  int main()
3  {
4    int i=1;                //定义循环变量
5    long fac=1;             //定义累乘变量
6    while(i<=10)
7    {
8        fac*=i;             //进行累乘
9        i++;
10   }
11   printf("\nthe fac is %ld",fac);
12   return 0;
13 }
```

【运行结果】

```
the fac is 3628800
```

### 5.1.2　用 do...while 实现循环

do...while 语句是直到型循环控制语句，其一般形式如下：

```
do
{
    循环体语句;
} while（表达式）;
```

do...while 括号中的表达式与 while 相同，都用来做循环判断条件。但是与 while 语句不同的是：不管条件是否成立，至少执行循环体一次，而且 while（表达式）后面的分号（;）必不可少。

do...while 语句的执行过程是：先执行循环体语句一次，然后求解表达式的值。如果表达式的值为非 0（真），则再次执行循环体语句，如此反复。直到表达式的值为 0（假），结束循环，并转到下一条语句执行。do...while 语句执行过程如图 5-5 所示。

【例 5-4】编写程序，计算满足 $1^2+2^2+3^2+\cdots+n^2<100$ 的最大 n 值。

流程图如图 5-6 所示。

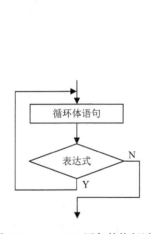

图 5-5　do...while 语句的执行过程

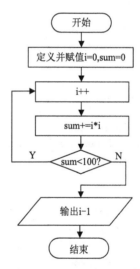

图 5-6　例 5-4 流程图

【程序代码】

```
1  #include<stdio.h>
2  int main()
3  {
4      int sum=0,i=0;
5      do
6      {
7        i++;
8        sum+=i*i;
9      }while(sum<100);
10     printf("\n n=%d", i-1);
```

```
11    return 0;
12  }
```

【运行结果】

n=6

【程序注解】

（1）该程序先执行一次循环体，再判断 while 后面的条件是否成立，成立则返回继续执行循环体，直到条件 sum<100 不成立，则循环结束，执行 printf 语句。

（2）变量 i 和 sum 在同步增加，当 sum 满足条件时，可以求得对应 i 的值。但是因为在计算 sum 的值之前，先进行了 i++ 的运算，相当于求出 n 的最大值后对 i 多执行了 +1 的运算，因此在输出符合条件的最大 n 值时，正确结果是 i-1。

【拓展思考】该程序如何转换成 while 语句？请上机调试。

【例 5-5】以下两个程序运行结果是否相同？

程序 1：

```
#include<stdio.h>
int main()
{
  int k,sum=0;
  scanf("%d",&k);
  do
  {
    sum+=k;
    k++;
  }while(k<=10);
  printf("sum is %d",sum);
  return 0;
}
```

程序 2：

```
#include<stdio.h>
int main()
{
  int k,sum=0;
  scanf("%d",&k);
  while(k<=10)
  {
    sum+=k;
    k++;
  }
  printf("sum is %d",sum);
  return 0;
}
```

【程序注解】

（1）从上面两个程序可以看出，do...while 和 while 语句编写相同程序，在绝大多数情况下的运行结果相同。

（2）当首次判断条件不成立时，while 语句的循环体一次也不执行，但是 do...while

语句则会执行一次循环体。

【例5-6】用do...while语句编写循环选择菜单。

本实例执行时将循环显示选择菜单，并提示用户选择输入要执行的菜单命令，直到用户输入6，退出程序。

【程序代码】

```
1   #include <stdio.h>
2   int main()
3   {   int n;
4       do
5       {
6       printf ("\t------------------工资管理系统------------------\n");
7       printf ("\t-              1.查询员工信息              -\n");
8       printf ("\t-              2.添加员工信息              -\n");
9       printf ("\t-              3.删除员工信息              -\n");
10      printf ("\t-              4.修改员工信息              -\n");
11      printf ("\t-              5.员工信息总览              -\n");
12      printf ("\t-              6.退出员工系统              -\n");
13      printf ("\t------------------------------------------------\n");
14      printf("请输入选项1—6:");
15      scanf("%d",&n);
16      switch(n)
17      {
18      case 1:printf("执行查询员工信息命令。\n");break;
19      case 2:printf("执行添加员工信息命令。\n");break;
20      case 3:printf("执行删除员工信息命令。\n");break;
21      case 4:printf("执行修改员工信息命令。\n");break;
22      case 5:printf("执行员工信息总览命令。\n");break;
23      case 6:printf("退出员工信息系统。\n");break;
24      default:printf("输入错误! \n");break;
25      }
26      }while(n!=6);
27  }
```

【运行结果】

【程序注解】

（1）程序在执行时，先显示选项菜单，提示用户输入选项，再通过switch语句选择执行相应的功能语句。从switch语句中退出后，再对条件进行检查。如果为真，则继续循环；如果为假，则退出程序。

（2）如何将该程序改写成while语句？请上机调试。

### 5.1.3 用 for 语句实现循环

for 语句属于当型循环结构。它的使用方式非常灵活，在 C 语言循环结构中使用频率是最高的。其一般形式如下：

```
for(表达式 1;表达式 2;表达式 3)
{
    循环体语句;
}
```

一般来说，三个表达式都有各自的作用，常见形式如下：

```
for(初始化表达式;循环条件表达式;变量增值表达式)
{
    循环体语句;
}
```

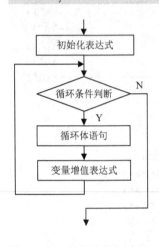

初始化表达式一般为循环控制变量进行初始化赋值，决定了循环的起始条件；循环条件表达式是控制循环继续执行的条件，若该表达式值为真（非 0）则继续重复执行循环体，否则结束循环，它决定了循环何时结束；变量增值表达式是每执行一次循环后循环控制变量是如何变化的，它决定了循环执行的次数。

for 语句中的三个表达式用分号隔开。三个表达式在实际应用中均可以省略，但分号不能省略，即简化成 for(; ;)。但是如果循环条件表达式省略，则代表循环条件一直成立，除非在循环体中有循环跳转语句（如 break 语句），才能终止循环，否则容易形成死循环，循环体永无止境地执行下去，所以一般此表达式不省略。

for 语句的执行过程如图 5-7 所示。

图 5-7　for 语句的执行过程

for 语句可以用 while 语句完全等价转换，对应的转换形式如下：

```
初始化表达式;
while(循环条件表达式)
{
    循环语句;
    变量增值表达式;
}
```

for 语句的一般执行过程如下：

（1）先执行初始化表达式。

（2）计算循环条件表达式，若结果为真（非 0），则执行循环体；若结果为 0（假），则结束循环。

（3）计算变量增值表达式，然后重复执行步骤（2）。

【例 5-7】将例 5-3 程序改为用 for 语句实现。

【程序代码】

```
1  #include<stdio.h>
2  int main()
```

```
3  {
4      int i;                    //定义循环变量
5      long fac=1;               //定义累乘变量
6      for(i=1;i<=10;i++)
7      {
8        fac*=i;                 //进行累乘
9      }
10     printf("\nthe fac is %ld",fac);
11     return 0;
12  }
```

【运行结果】

the fac is 3628800

【程序注解】

（1）本程序中 for 语句的执行过程如下。

① 给 i 赋初始值 1；

② 判断条件 i<=10 是否为真，如果为真，则转到步骤③，否则转到⑤；

③ 执行"fac*=i;"；

④ i 的值自增 1，然后转到②；

⑤ 结束循环。

（2）for 语句括号中的三个表达式可以是 C 语言的任何表达式，表达式 1 只执行一次，而表达式 2 和表达式 3 需要重复处理。本程序中的 fac 变量的初始化也可以放在 for 语句括号的表达式 1 中，修改成"for(i=1,fac=1;i<=10;i++)"。

for 语句是一种非常灵活的循环语句，里面的表达式没有固定格式。下面列出几种不同的 for 语句形式。

- for( ;表达式 2;表达式 3)。
- for(;表达式 2;)。
- for(表达式 a,表达式 b;表达式 2;表达式 3)。
- for(表达式 1;表达式 2;)。
- for(表达式 1;表达式 2;表达式 a,表达式 b)。

【例 5-8】某班级共有 45 人上体育课，从 1 开始报数，老师要求报数规则为：凡是 3 的倍数的同学都往前走一步，试编程将这些同学的报数序号打印出来。

程序流程图如图 5-8 所示。

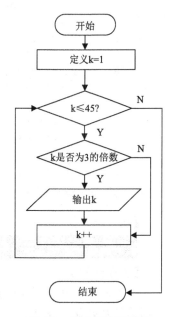

图 5-8 例 5-8 的流程图

【程序代码】

```
1  #include<stdio.h>
2  int main()
3  {
4      int k=1;
```

```
 5      for(;k<=45;k++)
 6      {
 7          if(k%3==0)
 8          printf("%d ",k);
 9      }
10      return 0;
11  }
```

【运行结果】

```
3 6 9 12 15 18 21 24 27 30 33 36 39 42 45
```

【程序注解】

（1）本例中需要多次重复执行第 7 和第 8 行代码，判断报数是否被 3 整除及输出操作，因此适合用循环结构。

（2）本程序省略了表达式 1，将循环变量初始值放在循环外第 4 行，但是其后的分号不能省略。

【例 5-9】求 1～n 自然数中所有的奇数和、偶数和。

【程序代码】

```
 1  #include<stdio.h>
 2  int main()
 3  {
 4      int sum1,sum2,n,i,j;
 5      sum1=0;
 6      sum2=0;
 7      printf("please enter n: ");
 8      scanf("%d",&n);
 9      for(i=1,j=2;i<=n&&j<=n;i+=2,j+=2)
10      {
11          sum1+=i;            //计算奇数和
12          sum2+=j;            //计算偶数和
13      }
14      printf("1-%d 中的奇数和为: %d, 偶数和为: %d\n",n,sum1,sum2);
15      return 0;
16  }
```

【运行结果】

```
please enter n: 30
1-30中的奇数和为: 225, 偶数和为: 240
```

【程序注解】

（1）本程序利用了 for 循环语句的特点，在循环初始化时，分别为循环变量 i 和 j 同时进行初始化，在增量表达式中也同步对 i 和 j 进行递增。

（2）本例要求计算奇数和与偶数和，实际编程时，也可以分成两个 for 循环去分别求解。但是显然充分利用 for 语句的灵活性，用一个 for 循环去同时求解两个值的程序更为简练。

C 语言中的三种循环语句 while、do...while 和 for，在程序设计中需要对这三种语句灵活使用。虽然选用任何一种循环语句都可以完成一样的功能，但选择了合适的循环语句能让程序更加简洁、有效、易读。通常情况下，选择三种循环语句可以遵循如下原则。

（1）如果循环体可能一次也不执行且符合当型循环问题，则选用 while 语句。

（2）如果循环体至少执行一次且符合直到型循环问题，则选用 do…while 语句。

（3）如果循环次数是在循环体外决定的且有明确的循环体执行起点、终点及循环条件，则选用 for 语句。

## 5.2　程序流程的转移控制

goto 语句、break 语句、continue 语句及 return 语句是 C 语言中用于控制流程转移的跳转语句。其中，return 语句主要用于控制从被调函数返回一个值给主调函数。

### 5.2.1　goto 语句

goto 语句为无条件转向语句，可以控制程序流程转到指定名称标号的地方。goto 语句的使用形式如下：

```
goto 标号名;
标号名：语句;
...
```

标号名为 C 语言合法的标识符，后面加一个冒号来表示标号。标号与 goto 语句在同一个函数中，可以在 goto 语句的前面或后面。

goto 语句的作用是，在不需要任何条件的情况下，直接使程序跳转到该语句标号所标识的语句去执行，标号名代表 goto 语句转向的目标位置。通常情况下，goto 语句与 if 语句一起联合使用。

【例 5-10】用 goto 语句改写例 5-3 程序。

流程图如图 5-9 所示。

【程序代码】

```
1   #include<stdio.h>
2   int main()
3   {
4       int i=1;
5       long fac=1;
6       LABEL:
7           fac*=i;
8           i++;
9       if(i<=10)
10          goto LABEL;
11      printf("10 的阶乘值为：%ld\n",fac);
12      return 0;
13  }
```

【运行结果】

10 的阶乘值为：3628800

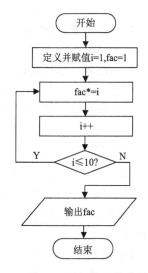

图 5-9　用 goto 语句求 n! 的流程图

【例 5-11】测试 goto 语句跳出多重嵌套循环。

【程序代码】

```c
1  #include <stdio.h>
2  int main()
3  {
4    int i;
5    while (1)
6    {
7      for (i=0; i<10; i++)
8      {
9        if (i>4)
10       {
11         goto label;
12       }
13       printf("i=%d\n",i);
14     }
15   }
16   label:
17     printf("test goto end!\n");
18   return 0;
19 }
```

【运行结果】

【程序注解】

从运行结果可以知道，goto 语句可以跳出多重嵌套循环。在程序执行过程中，遇到 goto 语句就转到 label 处继续执行。

从养成良好的编程风格这个角度看，建议少用或慎用 goto 语句，尤其不要使用 goto 语句往回跳转，这样会破坏程序的逻辑性和易读性。但是在某些情况下，比如需要快速跳出多重循环，或者需要处理函数执行异常情况，则可以使用 goto 语句，这样可以提高程序的执行效率，且使程序结构更加简洁清晰。

### 5.2.2　break 语句

break 语句除用于退出 switch 结构外，还可用于 while、do…while、for 循环结构，其功能是结束 break 所在的循环体。即当执行循环体遇到 break 语句时，循环立即终止。break 语句更多地用在需要提前结束循环或不需要执行完所有的循环语句的实际应用中。

【例 5-12】拓展例 5-2，编写程序计算一个住户一年中电费总和在哪个月时超过了 300 元（每个月的电费由键盘输入）？

程序流程图如图 5-10 所示。

【程序代码】

```
1   #include<stdio.h>
2   int main()
3   {
4      float cost,sum=0.0;
5      int i=1;
6      printf("please enter cost:\n");
7      while(i<=12)
8      {
9        scanf("%f",&cost);
10       sum+=cost;
11       i++;
12       if(sum>300)
13         break;
14     }
15   printf("\n第%d个月时,电费总和超过了300元,
共计%.1f元。\n",i-1,sum);
16     return 0;
17   }
```

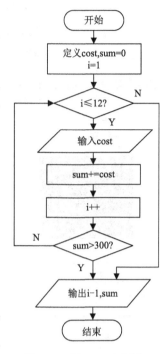

图 5-10  例 5-12 流程图

【运行结果】

【程序注解】

当电费总和超过 300 元时,使用 break 语句提前终止了循环,不再需要输入和统计后面月份的电费。

需要特别注意的是,break 语句只能结束或终止它所在那一层循环的循环体语句的执行。当程序中包含双重或多重循环语句时,如果在内层循环中使用 break 语句,则只能退出内层循环,如果提前结束多重嵌套循环,则需要使用多个 break 语句,这也是 break 语句与 goto 语句的根本差异。

【例 5-13】将例 5-11 中对于 goto 语句的测试改成对 break 语句的测试。

【程序代码】

```
1   #include <stdio.h>
2   int main()
3   {
4     int i;
5     while (1)
6     {
7       for (i=0; i<10; i++)
8       {
9           if (i>4)
10          {
11              break;        //第一个break:跳出for循环
12          }
```

```
13          printf("i=%d\n", i);
14        }
15        printf("Now i=%d\n", i);
16        break;                  //第二个break：跳出while循环
17    }
18    printf("test break end!\n");
19    return 0;
20  }
```

【运行结果】

虽然 break 语句和 goto 语句都可用于终止整个循环的执行，但二者的本质区别是：goto 语句非常灵活，可以跳转到程序中任意指定的语句位置，而 break 语句只限定流程跳转到循环语句之后的第一条语句去执行，这样也避免了流程随意跳转而导致程序流程混乱的情况。

### 5.2.3 continue 语句

continue 语句的功能是结束本次循环中循环体语句的执行，接着进行下次循环条件的判断，以决定是否执行下一次循环。当在循环体中遇到 continue 语句时，程序将跳过 continue 语句后面尚未执行的语句，开始下一次循环，即只终止本次循环，并不终止整个循环的执行，这是与 break 语句的根本差别。

在 while 和 do...while 循环体中遇到 continue 语句，跳过循环体其他语句，转向循环条件的判断；而在 for 循环体中遇到 continue 语句，则跳过循环体其他语句，转向循环变量增值表达式的计算，计算之后再判断循环条件是否成立。

【例 5-14】输出 1～n 之间所有不能被 4 整除的数。

流程图如图 5-11 所示。

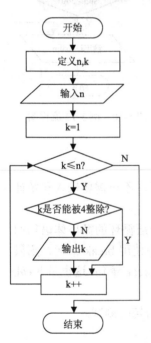

图 5-11  例 5-14 流程图

【程序代码】

```
1  #include<stdio.h>
2  int main()
3  {
4    int n,k;
5    printf("please enter n: ");
6    scanf("%d",&n);
7    for(k=1;k<=n;k++)
8    {
9        if(k%4==0)
```

```
10        continue;
11        printf("%d ",k);
12    }
13    printf("\n");
14    return 0;
15  }
```

【运行结果】

```
please enter n: 30
1 2 3 5 6 7 9 10 11 13 14 15 17 18 19 21 22 23 25 26 27 29 30
```

【程序注解】

在 for 循环中,从循环初始值 1 开始逐个检查,遇到能被 4 整除的数,则执行 continue 语句,即跳过 continue 语句所在循环体的其他语句,直接跳转到第 7 行中的 k++表达式,用于下一个 k 值的判断。反之,如果某个数不能被 4 整除,则不执行 continue 语句,而是执行其后的第 11 行代码。

【例 5-15】对照下面程序运行结果,体会 continue 语句在循环体中的用法。

【程序代码】

```
1   #include<stdio.h>
2   int main()
3   {
4     int i;
5     for (i=0; i<10; i++)
6     {
7       if (i>6)
8       {
9           printf("i=%d, continue next loop\n", i);
10          continue;
11      }
12      printf("i=%d\n", i);
13    }
14    printf("test break end!");
15    return 0;
16  }
```

【运行结果】

```
i = 0
i = 1
i = 2
i = 3
i = 4
i = 5
i = 6
i = 7, continue next loop
i = 8, continue next loop
i = 9, continue next loop
```

需要特别注意的是,break 语句可以出现在 switch 语句或循环结构中,用于跳出 switch 或者循环体,而 continue 语句只能出现在循环结构中。

## 5.3 嵌套循环

一个循环结构中,循环体内包含了另一个循环结构,则称为循环的嵌套或多层循环。这个嵌套可以有两层,也可以有更多层。前面学过的三种循环语句 while、do...while 和 for 都可以用在循环嵌套中,循环嵌套可以是相同循环语句的嵌套,也可以是不同循环语句的嵌套,如下所示。

形式 1:
```
while(…)
{
  for(…)
  {
    …
  }
  …
}
```

形式 2:
```
for(…)
{
  for(…)
  {
    …
  }
  …
}
```

形式 3:
```
do
{  …
  for(…)
  {
    …
  }
  …
}while(…);
```

当循环结构中嵌套另一重循环时,要注意内部嵌套的循环结构在执行时相当于一条 C 语句,只有在这个循环结构结束时,这条语句才执行完毕。

【例 5-16】输出九九乘法口诀表。

流程图如图 5-12 所示。

【程序代码】

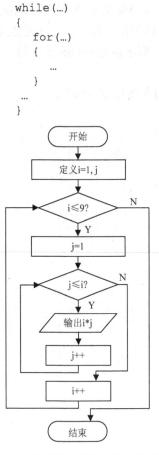

图 5-12 输出九九乘法口诀表流程图

```
1  #include<stdio.h>
2  int main()
3  {
4     int i,j,p;
5     for(i=1;i<=9;i++)
6     {
7        for(j=1;j<=i;j++)
8        {
9           p=i*j;
10          printf("%d*%d=%d\t",i,j,p);
11       }
12       printf("\n");
13    }
14    return 0;
15 }
```

【运行结果】

```
1*1=1
2*1=2   2*2=4
3*1=3   3*2=6   3*3=9
4*1=4   4*2=8   4*3=12  4*4=16
5*1=5   5*2=10  5*3=15  5*4=20  5*5=25
6*1=6   6*2=12  6*3=18  6*4=24  6*5=30  6*6=36
7*1=7   7*2=14  7*3=21  7*4=28  7*5=35  7*6=42  7*7=49
8*1=8   8*2=16  8*3=24  8*4=32  8*5=40  8*6=48  8*7=56  8*8=64
9*1=9   9*2=18  9*3=27  9*4=36  9*5=45  9*6=54  9*7=63  9*8=72  9*9=81
```

【程序注解】

外层循环 i 控制输出函数，循环 9 次，则输出 9 行；内层循环控制每行输出的表达式个数。外层循环每循环一次，内层 for 循环都要一直执行至循环条件不成立。

【例 5-17】求 1～n 内所有素数并输出。

【问题分析】

（1）素数是只能被 1 和它本身整除的数，即除了 1 和它自身，不能被其他任何整数整除的自然数。

（2）根据素数的定义，对于自然数 k，用 2～(k-1) 的自然数一一去除 k，若都除不尽，则可判定 k 是素数；反之，只要有一个能被 k 整除，就不是素数。

（3）求素数还可以根据相关数学定律，提高求素数的速度。定律如下：

- 自然数中只有一个偶数 2 是素数。
- 不能被从 2～(k-1) 的平方根的各自然数整除的数，也一定不能被从 2～(k-1) 的各自然数整除。

【程序代码】

```
1   #include<stdio.h>
2   #include<math.h>
3   main()
4   {
5       int i,n,k,flag=1;
6       printf("please enter n: ");
7       scanf("%d",&n);
8       for(k=3;k<=n;k+=2)
9       {
10          for(i=2;i<=sqrt(k);i++)
11          {
12              if(k%i==0)
13              {
14                  flag=0;
15                  break;
16              }
17              else
18                  flag=1;
19          }
20          if(flag==1)
21          printf(" %d",k);
22      }
23  }
```

【运行结果】

```
please enter n: 50
3 5 7 11 13 17 19 23 29 31 37 41 43 47
```

# 5.4 循环结构综合实例

## 5.4.1 穷举法求解问题

在进行归纳推理时，逐个考查某类事件的所有可能情况，进而得出一般结论，这种归纳方法叫作穷举法。在用计算机解决实际问题时，穷举法是一种非常常见的算法，利用计算机运算速度快、精确度高的特点，对要解决问题的所有可能情况，一个不漏地进行检验，从中找出符合要求的答案，这是通过牺牲时间来换取答案的全面性。有时，穷举法并不是一种最有效率的解决方案，但却是最直观的。

【例 5-18】小明有五本新书，要借给 a、b、c 三位小朋友，若每人每次只能借一本，则可以有多少种不同的借法？

【问题分析】

本题实际上是一个排列问题，即求从 5 个中取 3 个进行排列的方法的总数。首先对五本书从 1 至 5 进行编号，然后使用穷举法。假设三个人分别借这五本书中的一本，当三个人所借书的编号都不相同时，就是满足题意的一种借阅方法。

【程序代码】

```
1  #include <stdio.h>
2  int main()
3  {
4    int a,b,c,count=0;
5    printf("小明借书给三位小朋友的方案有: \n");
6    for(a=1; a<=5; a++)          //穷举 a 借 5 本书中的 1 本的全部情况
7      for(b=1; b<=5; b++)        //穷举 b 借 5 本书中的 1 本的全部情况
8        for(c=1; c<=5; c++)      //穷举 c 借 5 本书中的 1 本的全部情况
9          if(a!=b&&c!=a&&c!=b)   //判断三个人借的书是否不同
10         {
11           ++count;
12           printf("%d: %d, %d, %d\n", count, a, b, c);//输出方案
13         }
14   return 0;
15 }
```

【运行结果】

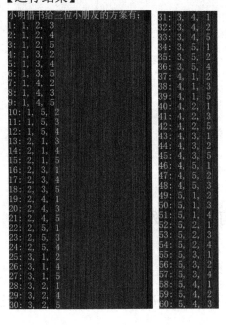

【例 5-19】鸡兔同笼问题是我国古代著名趣题之一。大约在 1500 年前,《孙子算经》中就记载了这个有趣的问题。书中是这样描述的:"今有雉兔同笼,上有三十五头,下有九十四足;问雉兔各几何?"这四句话的意思是:有若干鸡兔在同一个笼子里,从上面数,有 35 个头;从下面数,有 94 只脚。问笼中各有几只鸡和兔?

【问题分析】

(1)根据题意,定义一个整型变量保存鸡的个数,兔子的个数为 35 减去鸡的个数。

(2)从 1 开始穷举,判断每个数是否满足题目中的条件,如果满足,则输出鸡的个数和兔子的个数;否则继续判断条件,直到鸡的个数超过 35 为止。

【程序代码】

```
1  #include <stdio.h>
2  int main()
3  {
4    int hen;
5    for(hen=1;hen<=35;hen++)
6      if((hen*2+(35-hen)*4)==94)
7        printf("the number of hen is %d,the number of rabbit is %d\n",
hen,35-hen);
8    return 0;
9  }
```

【运行结果】

```
the number of hen is 23,the number of rabbit is 12
```

### 5.4.2　迭代法求解问题

【例 5-20】求斐波那契数列的前 20 个数。

斐波那契数列(Fibonacci sequence),又称黄金分割数列,因数学家莱昂纳多·斐波那契(Leonardo Fibonacci)以兔子繁殖为例子而引入,故又称为"兔子数列",指这样一个数列:1,1,2,3,5,8,13,21,34,…。

故事背景是这样的:西元 1202 年,有一位意大利青年,名叫斐波那契。在他的一部著作中提出了一个有趣的问题:假设一对刚出生的小兔一个月后就能长成大兔,再过一个月就能生下一对小兔,并且此后每个月都生一对小兔,一年内没有发生死亡。问:一对刚出生的兔子,一年内繁殖多少对兔子?

【问题分析】

最初第一个月,只有 1 对小兔子;到第二个月,小兔长成大兔,仍然只有 1 对兔子;第三个月,大兔产下一对小兔,共 2 对兔子,一对大兔一对小兔;第四个月,原来的一对大兔又产下一对小兔,共 3 对兔子,同时,第三个月新出生的小兔已长成了大兔,即目前共两对大兔一对小兔;第四个月,前一个月的两对大兔均又生了一对兔子,且小兔也长成了大兔,目前共 5 对兔子,3 对大兔 2 对小兔;如此计算下去,从第一个月开始,每个月的兔子对数分别是:1,1,2,3,5,8,13,21,34,55,89,…,看出规律了吗?从第三个数开始,每个数字都是前两个数之和。

**【程序代码】**

```
1  #include <stdio.h>
2  int main()
3  {
4    long f1,f2,fn;
5    int i;
6    f1=f2=1;
7    printf("%ld\t%ld\t",f1,f2);
8    for(i=3; i<=20; i++)
9    {
10       fn=f1+f2;
11       printf("%ld\t",fn);
12       if(i%4==0)        //4 个数换一行
13          printf("\n");
14       f1=f2;
15       f2=fn;
16   }
17   return 0;
18 }
```

**【运行结果】**

```
1       1       2       3
5       8       13      21
34      55      89      144
233     377     610     987
1597    2584    4181    6765
```

**【程序注解】**

（1）为避免溢出，需将 fn 定义为长整型数据类型。

（2）第 6 行是数列前 2 个数的值，还没有进入递推。

（3）从数列第 3 项开始，按照递推公式 fn=f1+f2 计算每一项，f1 和 f2 是一个渐变过程，需要不断重新赋值。

（4）第 12 和第 13 行控制输出数据 4 个换一行。

本例中，解决问题的方法典型地运用了常见的算法策略——迭代法。迭代法也称"辗转法"，是一种不断用变量的旧值递推出新值的解决问题的方法。它利用计算机运算速度快、适合做重复性操作的特点，让计算机对一组指令（或一定步骤）进行重复执行，在每次执行这组指令（或这些步骤）时，都从变量的原值推出它的一个新值。迭代法一般用于数值计算。实际上，本节前面所学的累加、累乘都是迭代法策略的基础应用。

该程序还可改写如下：

```
1  #include <stdio.h>
2  int main()
3  {
4    long f1,f2;
5    int i;
6    f1=f2=1;
7    for(i=1; i<=10; i++)
8    {
9        printf("%ld\t%ld\t",f1,f2);    //两项同时输出
```

```
10          if(i%2==0)
11              printf("\n");
12          f1=f1+f2;              //左边 f1 代表第 3 个数，是第 1、2 个数之和
13          f2=f2+f1;              //左边 f2 代表第 4 个数，是第 2、3 个数之和
14      }
15      return 0;
16  }
```

**【例 5-21】** 求 Sn＝a+aa+aaa+…+aa…a 之值，其中 a 是一个自然数。例如 5+55+555+5555+55555+555555（此时 a=5，n=6），a 和 n 均由键盘输入。

**【问题分析】**

从数值变化可以看出，从第二项开始，每一项的值都是前一项的值乘以 10 再加这个数字 a 本身。

**【程序代码】**

```
1  #include <stdio.h>
2  int main()
3  {
4      int a,n,count=1;
5      long Sn=0,Tn=0;
6      printf("please enter a & n:\n");
7      scanf("%d%d",&a,&n);
8      while (count<=n)
9      {
10          Tn=Tn*10+a;        //第 n 项递推公式
11          Sn=Sn+Tn;          //前 n 项和累加
12          count++;           //统计项数
13      }
14      printf("a+aa+aaa+…=%ld\n",Sn);
15      return 0;
16  }
```

**【运行结果】**

```
please enter a & n:
8 5
a+aa+aaa+...=98760
```

# 本 章 小 结

循环结构是三大流程控制结构中非常重要的结构，在解决实际问题中应用很广。实现循环结构有三大语句：while 语句、do…while 语句、for 语句。

三大语句在绝大部分情况下可以相互转换。while 语句用于实现当型循环控制结构，适合循环次数未知、条件控制的循环；do…while 语句用于实现直到型循环控制结构，在循环底部进行循环条件测试，与 while 语句最明显的区别是该循环体至少执行一次，适合循环次数未知、条件控制的循环，尤其广泛用于生成菜单子程序；for 语句用于实现当型循环控制结构，在循环顶部进行循环条件测试，当循环条件一开始就不成立时，循环体执行 0 次，适合循环次数和循环起点、终点条件都已知的情况。

在循环结构中，用于流程控制转移的有三类语句：break 语句、continue 语句、goto 语句。其中，break 语句用于退出或直接终止所在的那一层循环结构；continue 语句用于结束所在那一层循环结构的本次循环，转而继续执行下一次循环；goto 语句则无条件转移到标号所标识的语句处执行，而标号可以标在任意地方，当程序需要一步退出多重循环时，用 goto 语句更快捷方便。

本章介绍的穷举法和迭代法是很常见的计算机解决问题的重要算法策略，可以解决很多实际应用问题。

## 习　题

### 一、基础巩固

1. 以下程序的运行结果是_____。

```c
#include <stdio.h>
int main()
{   int i,s=0;
    for(i=0;i<=100;i++)
        if(i%2==0)s=s+i;
    printf("%d",s);
    return 0;
}
```

2. 以下程序的运行结果是_____。

```c
#include <stdio.h>
main()
{  int i, sum=0;
   for (i=0; i<5; i++)
   {  switch(i)
      {  case 0:
         case 1:  sum++;
         case 3:  sum++;
         case 4:  sum--;  break;
      }
   }
   printf("%d\n", sum);
}
```

3. 以下程序的功能是计算正整数 2345 的各位数字平方和，请将程序补充完整。

```c
#include <stdio.h>
main()
{   int n,sum= 0 ;
    n=2345;
    do
    {   sum = sum +_____;
        _____;
    } while(n);
```

```
    printf("sum=%d ",sum);
    return 0;
}
```

运行结果：_____。

4. 编程输出 1～100 能被 5 或 7 整除的所有数。

5. 输入 10 个数，统计并输出正数、负数和 0 的个数。

6. 输入两个正整数 m 和 n，求其最大公约数和最小公倍数。

## 二、能力提升

1. 找出 1～99 的全部同构数。同构数是这样一组数：它出现在平方数的右边。例如：5 是 25 右边的数，25 是 625 右边的数，则 5 和 25 都是同构数。

2. 一个球从 100m 高度自由落下，每次落地后反跳回原高度的一半，再落下，再反弹。它在第 10 次落地时，共经过多少米？第 10 次反弹多高？

3. 输出以下 4×5 的矩阵。

$$
\begin{bmatrix}
1 & 2 & 3 & 4 & 5 \\
2 & 4 & 6 & 8 & 10 \\
3 & 6 & 9 & 12 & 15 \\
4 & 8 & 12 & 16 & 20
\end{bmatrix}
$$

4. 求 1!+2!+3!+4!+5!+…+20!。

5. 编程统计全班学生成绩，要求每次从键盘输入一名学生的两门课程分数，计算输出每名学生两门课的平均分，平均分大于或等于 90 为优秀；60 分为及格。统计出成绩优秀的学生和及格的学生人数。

6. 输出所有的"水仙花数"。所谓"水仙花数"，是指一个 3 位数，其各位数字立方和等于该数本身。例如，153 是一个水仙花数，因为 $153=1^3+5^3+3^3$。

# 第 3 篇
# 问 题 求 解

# 第6章　批量数据操作

## 知识要点

➢ 批量数据的处理方式。
➢ 数组的类型、含义及内存分配。
➢ 一维数组、二维数组的定义、初始化及应用方法。
➢ 字符数组的定义与初始化。

本章之前使用的整型、字符型、浮点型数据都是 C 语言的基本数据类型，属于简单数据类型，用于解决简单问题。但是真正在处理一些复杂问题、做软硬件开发时，要处理的数据就复杂得多，只用简单变量存储单个数据是远远不够的。例如，开发一个学生成绩管理系统，需要存储和处理的数据就有成千上万个，即使考虑一个班级只有 25 个学生，每个学生只有 3 门课成绩，我们要输入、存储这些数据，并进行成绩排序、查询、求最大、最小值等操作，用前面的简单数据类型定义单个变量并不能解决此类问题。此时就要进行批量数据处理，因为这 25 个学生的成绩类型是一致的，我们可以批量处理，需要定义一组变量存储空间去存放这组类型一致的数据，方便后面对数据进行进一步处理。这批具有同样类型的数据就可以组成一个数组。

数组是一组同类型有序数据的集合。不能把不同类型的数据放在同一个数组中。每个数组在内存中都占用一段连续的存储空间。一般用一个统一的数组名和下标来唯一地确定数组中的元素，如 s[25]，s 是这个数组的数组名，25 代表这个数组中有 25 个元素。

本章主要介绍如何用数组来批量存储和处理数据，数据按照维数、类型不同分为一维数组、二维数组、字符数组、指针数组、结构体数组等。

# 6.1　一　维　数　组

## 6.1.1　一维数组的定义及初始化

要使用数组，必须先定义。如同前面章节中，要想使用一个变量，则必须在使用前先定义。变量定义之后，编译器在编译程序时，才会为其分配对应的存储空间。数组也一样，需要先定义后使用。其定义方式如下：

> 类型标识符　数组名 [常量表达式] ；

其中，类型标识符可以是整型、浮点型、字符类型等基本数据类型，也可以是构造类型（如第 9 章的结构体类型）；数组名是符合命名规则的任意标识符；常量表达式用以说明数组的大小，即数组中元素的个数，通常是整型常量或字符常量。C 语言中不允许对数组大小做动态改变，一旦定义，就必须指明其大小，且在程序运行期间这个值是固定不变的。如果数组定义成如下形式，编译就会报错。

```
int n;
Scanf("%d",&n);
int a[n];
```

正确的定义如下：

```
int a[10];
```

以上定义了一个整型数组，数组名是 a，里面有 10 个元素，且类型一致，都是整型。这10 个元素分别是 a[0]、a[1]、a[2]、a[3]、a[4]、a[5]、a[6]、a[7]、a[8]、a[9]。

**注意**：数组元素下标从 0 开始，而不是 1，所以定义好的数组第一个元素总是 a[0]。

该数组元素均为整型，每个元素均占 4 字节，该数组共占 40 字节的存储空间，且存储空间的地址是连续的，如图 6-1 所示。

| a[0] | a[1] | a[2] | a[3] | a[4] | a[5] | a[6] | a[7] | a[8] | a[9] |
|------|------|------|------|------|------|------|------|------|------|

图 6-1　一维数组的存储结构

再如：

```
double score[25];        //定义了一个含有 25 个元素的浮点型数组
char s[10];              //定义了一个含有 10 个元素的字符型数组
```

数组元素在内存中是连续存放的，数组元素按顺序排列。数组元素的访问是通过下标变量进行的，因此，可用循环语句引用数组元素。

根据问题需要，常在定义数组的同时，对数组元素赋值，即数组的初始化。一维数组初始化的方式有如下几种。

（1）对全部数组元素赋予初始值，如：

```
float score[10]={67, 90, 87, 55, 72, 66, 79, 93, 69, 88};
```

上面定义了一个数组，并对 10 个元素都赋了初始值，按顺序分别是 a[0]=67，a[1]=90，a[2]=87，a[3]=55，a[4]=72，a[5]=66，a[6]=79，a[7]=93，a[8]=69，a[9]=88。

（2）对前面几个元素赋初始值，如：

```
float score[10]={67, 90, 87, 55};
```

以上代表按顺序只对数组前 4 个元素赋了初始值，其他未赋值的元素值均为 0。

（3）对数组全部元素赋值为 0，如：

```
int a[10]={0,0,0,0,0,0,0,0,0,0};
```

或者通常采用一种更为简化的赋初值方式：int a[10]={0};。

（4）在对全部数组元素赋初值时，可以不指定数组长度。编译时会根据初值个数自动计算出数组的大小，如：

```
int a[ ]={2,5,7,8};
```

等价于

```
int a[4]={2,5,7,8};
```

（5）对数组任意元素赋初始值，如：

```
float score[10]; score[5]=88;  score[8]=65;
```

以上数组定义以后，只对第 6 个和第 9 个元素赋了初始值。其他元素均未赋值。

### 6.1.2 一维数组元素的引用及程序举例

【例 6-1】班级里有 10 名同学参与了全国程序设计大赛，请将他们的比赛成绩打印出来。

【程序代码】

```
1  #include<stdio.h>
2  int main()
3  {
4    int i;
5    float score[10]={67,90,87,55,79,84,73,66,80,77};
6    for(i=0;i<10;i++)
7    printf("%.1f  ",score[i]);
8    return 0;
9  }
```

【运行结果】

```
67.0  90.0  87.0  55.0  79.0  84.0  73.0  66.0  80.0  77.0
```

【程序注解】

因为数组对批量数据进行存储，数组元素是按顺序排列的，所以对这些数据批量处理时通常和循环结构结合，数组元素的访问通过下标变量进行，从而最大化地简化程序。

【例 6-2】将例 6-1 中 10 名同学的成绩改为由键盘输入，并计算平均分，将平均分输出到屏幕上。

【程序代码】

```
1  #include<stdio.h>
2  #define SIZE 10
3  int main()
4  { int i;
5    float score[10],aver,sum=0;
6    printf("please input the scores of 10 students:\n");
7    for(i=0;i<10;i++)
8      scanf("%f",&score[i]);     //输入 10 个成绩
9    for(i=0;i<10;i++)
10   sum+=score[i];               //成绩求和
11   aver=sum/10;
12   printf("the average is %f\n",aver);
13   return 0;
14 }
```

【运行结果】

```
please input the scores of 10 students:
85 68 73 90 67 75 58 82 92 71
the average is 76.1
```

【程序注解】

以上程序用了两个 for 循环，一个用于输入成绩，另一个用于求成绩累加和，能否

改成一个循环实现以上两个功能呢？请上机调试。

【例 6-3】例 6-1 中 10 名同学的比赛成绩各不同，编程求解最高分和最低分。

【问题分析】

（1）求数组最大值和最小值的问题解决思路可以类比现实中"打擂台"挑战赛。一个个挑战台上的擂主，如果比台上的数值大或小，则挑战成功，成为擂主。

（2）由于数组元素排列的规律性，可以通过其下标值，用循环的办法操作数组，引用数组元素。通过对一维数组元素的引用，数组元素可以像普通变量一样进行赋值和算数运算，以及输入/输出操作。

【程序代码】

```
1   #include<stdio.h>
2   #define SIZE 10
3   int main()
4   {
5       int i;
6       float score[10],max,min,aver,sum=0;
7       printf("please input the scores of 10 students:\n");
8       for(i=0;i<10;i++)
9       scanf("%f",&score[i]);
10      max=score[0];                    //给存储最大值的变量max赋初始值
11      min=score[0];                    //给存储最小值的变量min赋初始值
12      for(i=1;i<10;i++)
13       {
14          if(score[i]>max) max=score[i]; //数组元素依次和max中的值比较
15          if(score[i]<min) min=score[i]; //数组元素依次和min中的值比较
16       }
17      printf("the max is %.1f,the min  is %.1f\n",max,min);
18      return 0;
19  }
```

【运行结果】

```
please input the scores of 10 students:
78 99 85 65 74 56 88 90 72 69
the max is 99.0,the min  is 56.0
```

【拓展思考】

拓展问题 1：该例中如果要求解是第几个人取得最高分，第几个人取得最低分，则该如何修改程序？请上机调试。

拓展问题 2：假如成绩数组有相同值，求最大值和最小值时需要考虑哪一点？应该怎么修改程序？请上机调试。

【例 6-4】将例 6-1 中 10 名同学的比赛成绩按由低到高进行升序排序，并将排序后的结果输出。

【问题分析】

10 个数组元素排序，核心操作有两个：比较和交换。可以采用冒泡排序模拟排序的过程，10 个数组元素比较 9 趟，9 趟比较之后前面元素已经升序排列，剩最后一个元素不需要进行比较，是数组的最大值，位于数组最后。

每趟的比较过程是：从最后一个元素和其前面的相邻元素进行比较，如果反序（题目要求升序，反序就是后面的元素小于前面的元素）则两个元素交换位置。依次两两比较，结果是最小的元素换到了数组的第一个位置上，即"最轻的泡"冒到了最上面。第二趟还是从最后一个元素开始反序两两比较，比较到数组第二个元素为止（第一个已经是最小值，不需要加入本趟比较），该趟是第二小的元素冒泡到了数组的第二个位置上……依此往后，共需要比较 9 趟，整个数组就升序排列了。

【程序代码】

```
1  #include<stdio.h>
2  #define N 10      //定义符号常量标识数组大小
3  int main()
4  {
5    int i,j;
6    float temp,score[N]={0};       //引用符号常量N定义数组大小
7    printf("please input 10 numbers:\n");
8    for(i=0;i<N;i++)
9       scanf("%f",&score[i]);      //输入数组各元素
10   for(i=0;i<N-1;i++)             //外层循环控制排序的趟数
11     for(j=N-1;j>i;j--)           //内层循环控制每趟循环中数组元素比较的次数
12       if(score[j]<score[j-1])    //排在后面的元素值小于前面的元素则交换位置
13       {
14          temp=score[j];score[j]=score[j-1];score[j-1]=temp;
15       }
16   printf("after sort: \n");
17   for(i=0;i<N;i++)               //排序后将数组输出
18      printf("%-6.1f",score[i]);
19   return 0;
20 }
```

【运行结果】

```
please input 10 numbers:
95 76 84 66 89 92 60 75 54 79
after sort:
54.0  60.0  66.0  75.0  76.0  79.0  84.0  89.0  92.0  95.0
```

【程序注解】

（1）第 2 行代码用符号常量标识数组大小有一大好处，将来需要手动修改数组大小时，只需要在此处一次性修改，整个程序中 N 值就全部改变。如果不使用符号常量，则要在程序多处出现数组大小的地方一一修改，比较麻烦也容易漏掉。

（2）整个冒泡排序过程代码从第 10 行到第 15 行，采用双重 for 循环。外层 for 循环代表比较趟数，10 个数排序，共需要比较 9 趟。内层 for 循环则代表每一趟外循环中内部循环几次，即每一趟需要比较的次数。该题中对于输入的原始序列 95, 76, 84, 66, 89, 92, 60, 75, 54, 79，每一趟比较结束时的数组序列如下：

| 原始状态 | 第 1 趟 | 第 2 趟 | 第 3 趟 | 第 4 趟 | 第 5 趟 | 第 6 趟 | 第 7 趟 | 第 8 趟 | 第 9 趟 |
|---|---|---|---|---|---|---|---|---|---|
| 95 | 54 | 54 | 54 | 54 | 54 | 54 | 54 | 54 | 54 |
| 76 | 95 | 60 | 60 | 60 | 60 | 60 | 60 | 60 | 60 |
| 84 | 76 | 95 | 66 | 66 | 66 | 66 | 66 | 66 | 66 |
| 66 | 84 | 76 | 95 | 75 | 75 | 75 | 75 | 75 | 75 |
| 89 | 66 | 84 | 76 | 95 | 76 | 76 | 76 | 76 | 76 |
| 92 | 89 | 66 | 84 | 76 | 95 | 79 | 79 | 79 | 79 |
| 60 | 92 | 89 | 75 | 84 | 79 | 95 | 84 | 84 | 84 |
| 75 | 60 | 92 | 89 | 79 | 84 | 84 | 95 | 89 | 89 |
| 54 | 75 | 75 | 92 | 89 | 89 | 89 | 89 | 95 | 92 |
| 79 | 79 | 79 | 79 | 92 | 92 | 92 | 92 | 92 | 95 |

（3）注意内层 for 循环中 if 括号中的比较条件，实际上机编程，避免将 j 误写为 i。

（4）交换两个元素，可以借助第三个中间变量 temp。

【拓展思考】

如果题目改为将成绩从高到低降序排序，该如何修改程序？请上机调试。

排序的算法有很多，本程序用的是冒泡排序。冒泡排序是交换排序的一种，其余还有插入排序、选择排序、归并排序、快速排序等。

简单来说，冒泡排序算法是：从最后一个元素开始，两相邻元素进行比较和交换，使较小的元素逐渐从底部移向顶部，较大的元素逐渐从顶部移向底部，直到把最小的元素交换到顶部，就像水底的气泡一样逐渐往上冒，这叫一轮冒泡。再将剩下的元素重复上面的过程，直至所有元素排好序。

【例 6-5】用选择排序对例 6-4 进行修改。

【问题分析】

选择排序的核心思想是每趟排序结束时找出最小值，将其放置（通过交换实现）在已有的有序序列中的合适位置。例如，第一趟比较结束，通过交换位置，将最小值放在数组第一个位置；第二趟比较结束将次小值放在数组第二个位置……直到整体有序。

【程序代码】

```
1  #include<stdio.h>
2  #define N 10
3  int main()
4  {
5    int i,j,index;
6    float temp,score[N]={0};
7    printf("please input 10 numbers:\n");
8    for(i=0;i<N;i++)
9      scanf("%f",&score[i]);
10   for (i=0; i<N; i++) //外层循环控制比较趟数
11     {
12       index=i;
13       for (j=i+1; j<N; j++)
14         if(score[j]<score[index])  index=j; //index 变量用于存储
```

```
15              第 i 趟比较结束后最小值的下标
16      if (index!=i)
17        {
18          temp=score[i];
19          score[i]=score[index];
20          score[index]=temp;
21        }
22    }
23    printf("after sort: \n");
24    for(i=0;i<N;i++)      //排序后将数组输出
25      printf("%-6.1f",score[i]);
26    return 0;
27  }
```

【程序注解】

（1）外层 for 循环同样表示比较趟数，10 个数需要比较 9 趟。

（2）第 i 趟比较完，得出本趟最小值在数组中的下标 index，然后将本趟最小值 score[index] 和 score[i] 交换，即第 i 趟最小值放在数组第 i 个位置。需要注意，在该程序中，i 是从 0 开始的。

【例 6-6】本班学期初转来一名外专业学生，需要补考上学期的程序设计课。补考过后，老师要将他的成绩插入上学期期末程序设计课的班级成绩单，成绩单已经从高到低排好了顺序，假定班级一共 19 个学生，编写程序，将这个转专业学生的补考成绩（由键盘输入）插入已有成绩单且保证仍然有序。

【问题分析】

（1）将程序设计课班级成绩存储在一个数组中，因为考虑到要插入，故数组大小大于原有班级人数。

（2）插入一个补考成绩的过程：使用循环结构，从第一个成绩开始，逐个与该补考成绩比较，找到正确的插入位置进行插入。插入之前，为防止数据覆盖，应该将插入位置及其后的数据逐个后移一位。

【程序代码】

```
1  #include<stdio.h>
2  #define N 19
3  int main()
4  {
5    int i,j,value,Cscore[N+1]={98,95,94,94,90,87,85,80,79,77,
6    76,75,72,72,66,63,58,57,43};
7    printf("before insert:\n");
8    for(i=0;i<N;i++)
9    {
10       if(i%4==0)
11       printf("\n");
12       printf("%d\t",Cscore[i]);
13    }
14    printf("\nplease enter the value:\n");
15    scanf("%d",&value);        //输入补考学生成绩
16    for(i=0;i<N;i++)
```

```
17    {
18        if(value<Cscore[i]);  //逐个比较，如果没找到插入位置，则执行空语句
19        else
20          break;    //如果比较过程中找到了插入位置，则退出循环，插入位置为i
21    }
22    for(j=N;j>i;j--)
23        Cscore[j]=Cscore[j-1];    //插入位置之后的元素逐个后移一位
24    Cscore[i]=value;              //将补考成绩插入
25    printf("\nafter insert:\n");
26    for(i=0;i<N+1;i++)
27    {
28        if(i%4==0)
29          printf("\n");
30        printf("%d\t",Cscore[i]);
31    }
32    printf("\n");
33    return 0;
34 }
```

【运行结果】

```
before insert:
98        95        94        94
90        87        85        80
79        77        76        75
72        72        66        63
58        57        43
please enter the value:
89

after insert:
98        95        94        94
90        89        87        85
80        79        77        76
75        72        66        66
63        58        57        43
```

【拓展思考】

某班级有一名学生应征入伍了，老师在统计程序设计课成绩时，需要将他的成绩从原有班级成绩单中删除。假定班级原有 21 人，且学生的成绩已经按照从高到低排好序，删除该学生成绩之前需要先找到该学生再删除，查找该学生的方式有两种：

（1）给出该学生成绩在数组中的位置，应如何删除？请上机编程实现。

（2）给出该学生的成绩（假定所有人成绩都不同），应如何删除？请上机编程实现。

【问题分析】

（1）如果给出成绩在数组中的位置 i，则从 i 之后的数组元素直接往前逐个移动一位即可，系统会自动将第 i 位置上的成绩元素覆盖掉。

（2）如果只给出该学生的成绩，则需要用循环结构从数组第一个元素开始，逐个比较，直到找到该成绩所在的位置，从该位置后面一个元素开始，逐个往前移动一位，将该成绩覆盖。

需要注意的是，目前学习的一维数组是静态数组，一经定义，编译运行期间其大小不能动态变化，存储空间也不能动态释放，只有当整个程序运行结束，存储空间才

会释放回归到计算机内存池中。因此数组元素的删除，其实并不是真正地删除其元素所在的内存空间，而是将其覆盖，数组大小并没有改变，"删除"结束，最后两个元素是一样的。

在开发信息管理系统（如成绩管理系统）时，常见的对成绩处理的功能操作有增加、删除、修改、查找、排序等。在一维数组的应用实例基础上，将功能扩展，就可以形成一个小型的成绩管理系统了。

# 6.2　二　维　数　组

## 6.2.1　二维数组的定义

一维数组可以看作对单个变量的扩展，是一维线性结构，将多个同类型的变量进行批量处理用一维数组就非常方便。但是，有些问题单靠一维数组是很难处理的。例如，要处理 10 个学生每人两门课的成绩，如果只有一维数组就很麻烦，如果画成二维表格用二维数组就很方便。在 C 语言中，由行、列两个下标来确定元素的数组称为二维数组。由三个及以上下标确定元素的数组称为多维数组。

二维数组与一维数组和普通变量一样，都需要先定义后使用。其定义方式如下：

```
类型标识符    数组名[常量表达式1][常量表达式2];
```
其中，常量表达式 1 和常量表达式 2 分别表示二维数组的行数和列数。例如：

```
int a[3][4];
```
表示定义了一个三行四列的二维数组，也可以看作如图 6-2 所示的矩阵。

|  | 第0列 | 第1列 | 第2列 | 第3列 |
|---|---|---|---|---|
| 第0行 | a[0][0] | a[0][1] | a[0][2] | a[0][3] |
| 第1行 | a[1][0] | a[1][1] | a[1][2] | a[1][3] |
| 第2行 | a[2][0] | a[2][1] | a[2][2] | a[2][3] |

图 6-2　三行四列的二维数组

该二维数组可以看作由三个特殊的一维数组构成，每一行都是一个一维数组，第 0 行的一维数组有 4 个元素，数组名是 a[0]；第 1 行的一维数组的数组名是 a[1]；第二行的一维数组的数组名是 a[2]。

注意：数组下标都是从 0 开始的，无论行还是列。三行四列的二维数组共 12 个元素，分别是 a[0][0]、a[0][1]、a[0][2]、a[0][3]、a[1][0]、a[1][1]、a[1][2]、a[1][3]、a[2][0]、a[2][1]、a[2][2]、a[2][3]。如果给这个二维数组各个元素全部赋初始值，如图 6-3 所示。

|  | 第0列 | 第1列 | 第2列 | 第3列 |
|---|---|---|---|---|
| 第0行 | 3 | 5 | 1 | 9 |
| 第1行 | 6 | 23 | 7 | 4 |
| 第2行 | 11 | 15 | 20 | 8 |

图 6-3　给二维数组赋初始值

由图 6-3 可以看出二维数组各元素的值：a[0][0]=3，a[0][1]=5， a[0][2]=1，a[0][3]=9，a[1][0]=6，a[1][1]=23，a[1][2]=7，a[1][3]=4，a[2][0]=11，a[2][1]=15，a[2][2]=20，a[2][3]=8。

### 6.2.2　二维数组的初始化

可以在定义二维数组时赋初始值，也可以先定义然后单个赋值。如果整体批量赋初始值，则采用第一种办法。赋初始值有如下几种形式。

（1）int a[3][4]={{1,2,3,4},{5,6,7,8},{9,10,11,12}};。

按行赋初始值，也可以写成如下第（2）种形式，虽然整体为 12 个元素都赋了初始值，但顺序是先给第 0 行元素依次赋完值，再给第 1 行所有元素赋值，依次往后。

（2）"int a[3][4]={1,2,3,4,5,6,7,8,9,10,11,12};"。

（3）"int a[3][4]={{7},{3},{6}};"等价于"int a[3][4]={{7,0,0,0},{3,0,0,0},{6,0,0,0}};"。

（4）"int a[3][4]={{5},{2,6}};"相当于"int a[3][4]={{5},{2,6},{0}};"。

第（4）种形式未赋初始值的元素值均默认为 0。

如果赋值符号右侧给元素全部赋了初始值，或明确可以看出二维数组行数的情况，则可以将二维数组的第一个下标值省略。例如，"int a[][4]={12,11,10,9,8,7,6,5,4,3,2,1};"，可以根据初值和列下标推算出行下标为 3。"int a[][4]={{0,0,3},{ },{0,10}};"，可以明显看出是 3 行，行下标为 3。

其余不能明确行数的情况均不能省略行下标。在任何时候，二维数组的列下标都不能缺省。

### 6.2.3　二维数组的存储

二维数组在内存中是按行存储的。比如，"int a[3][3]= {1,2,3,4,5,6,7,8,9};"是一个整型二维数组，里面 9 个元素共占 9×4=36 字节。编译时，计算机会为该二维数组开辟连续 9 个存储空间。存储时，先存储第 0 行的所有元素，再存储第 1 行的所有元素，最后存储第 2 行的所有元素，如图 6-4 所示。

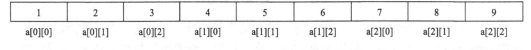

| 1 | 2 | 3 | 4 | 5 | 6 | 7 | 8 | 9 |
|---|---|---|---|---|---|---|---|---|
| a[0][0] | a[0][1] | a[0][2] | a[1][0] | a[1][1] | a[1][2] | a[2][0] | a[2][1] | a[2][2] |

图 6-4　二维数组的存储

【例 6-7】编程测试上面的二维数组中各元素在内存中的地址。

【程序代码】

```
1  #include<stdio.h>
2  int main()
3  {
4    int a[3][3]={1,2,3,4,5,6,7,8,9};
5    int i,j;
6    for(i=0;i<3;i++)
7      {
8        for(j=0;j<3;j++)
```

```
9       {
10          printf("a[%d][%d]的地址为：%d",i,j,&a[i][j]);
11          printf("\n");
12       }
13    printf("\n");
14    }
15    return 0;
16 }
```

【运行结果】

```
a[0][0]的地址为：6356720
a[0][1]的地址为：6356724
a[0][2]的地址为：6356728
a[1][0]的地址为：6356732
a[1][1]的地址为：6356736
a[1][2]的地址为：6356740
a[2][0]的地址为：6356744
a[2][1]的地址为：6356748
a[2][2]的地址为：6356752
```

【程序注解】

从运行结果可以看出二维数组在内存中的存储方式，即连续存储，按行存放。存完第 0 行的 3 个元素，再存第 1 行的 3 个元素，最后存第 2 行的 3 个元素。每个元素都是整型，都占 4 字节。

二维数组元素
的引用

### 6.2.4 二维数组元素的引用及程序举例

【例 6-8】矩阵的转置。将如下 4×4 矩阵进行转置并输出。

$$A = \begin{bmatrix} -9 & 3 & 12 & -10 \\ 20 & -8 & 34 & 5 \\ 11 & -41 & 6 & 17 \\ -7 & 34 & 13 & -4 \end{bmatrix}$$

【问题分析】

可以用二维数组来存储矩阵，将原矩阵行列元素交换，得到的新矩阵被称为转置矩阵。

【程序代码】

```
1  #include<stdio.h>
2  int main()
3  {
4    int i,j,a[4][4]={{-9,3,12,-10},{20,-8,34,5},
5    {11,-41,6,17},{-7,34,13,-4}};
6    int b[4][4];
7    printf("before transpose:\n");
8    for(i=0;i<4;i++)
9     {
10     for(j=0;j<4;j++)
11      printf("%4d",a[i][j]);   //输出转置前的矩阵
12     printf("\n");
```

```
13        }
14     for(i=0;i<4;i++)
15       for(j=0;j<4;j++)
16         b[i][j]=a[j][i];     //进行转置
17     printf("\nafter transpose:\n");
18     for(i=0;i<4;i++)
19     {
20       for(j=0;j<4;j++)
21         printf("%4d",b[i][j]);   //输出转置后的矩阵
22       printf("\n");
23     }
24     return 0;
25  }
```

【运行结果】

```
before transpose:
  -9    3   12  -10
  20   -8   34    5
  11  -41    6   17
  -7   34   13   -4

after transpose:
  -9   20   11   -7
   3   -8  -41   34
  12   34    6   13
 -10    5   17   -4
```

【程序注解】

二维数组的元素引用通常采用 for 嵌套循环，外层循环控制行数，内层循环控制每行输出/输入/其他处理的元素个数，即列数。从第 8 行到第 13 行可以看出，i 控制行号，j 控制列号，注意换行操作的代码位置。

【例 6-9】春季运动会时，计算机学院选拔了一部分同学代表学院走方队。16 名同学站成了四行四列，辅导员需要选出身高最高的一名同学站在最前排中间举牌。每个人的身高从键盘输入，编程求出其中个子最高的同学的身高值。

【问题分析】

定义一个四行四列的二维数组存放身高值，求二维数组中元素的最大值，可以采用前面学过的"打擂台"的解题思路。

【程序代码】

```
1  #include <stdio.h>
2  int main()
3  {
4     int height[4][4];
5     int i,j,maxheight;
6     printf("please enter the 4*4 array:\n");
7     for(i=0;i<4;i++)
8       for(j=0;j<4;j++)
9         scanf("%d",&height[i][j]);        //输入身高值
10    maxheight=height[0][0];               //假定第 0 行 0 列的身高值为最大值
11    for(i=0;i<4;i++)
```

```
12          for(j=0;j<4;j++)
13          {
14             if(height[i][j]>maxheight)
15                maxheight=height[i][j];    //逐个比较，求最大值
16          }
17       printf("\nthe maxheight is %dcm\n",maxheight);
18       return 0;
19   }
```

【运行结果】

```
please enter the 4*4 array:
155 163 170 158
162 159 166 173
178 169 172 170
168 183 177 165

the maxheight is 183cm
```

【拓展思考】

如果想知道身高最高的人站在第几行第几列，应如何修改程序？请上机调试。

【例 6-10】已知一个小组 5 名学生的 4 门课成绩，要求分别求出每门课的平均成绩和每名学生的平均成绩。各学生各门课的成绩见表 6-1。

表 6-1　各科成绩

| 学生 | 成绩 | | | |
|------|---------|------|---------|-----------|
| | Chinese | Math | English | C program |
| Stu1 | 78 | 66 | 91 | 62 |
| Stu2 | 82 | 54 | 80 | 50 |
| Stu3 | 90 | 88 | 77 | 78 |
| Stu4 | 65 | 76 | 65 | 93 |
| Stu5 | 74 | 92 | 88 | 81 |

【问题分析】

（1）成绩可以用二维数组存储，行代表学生数，列代表课程数。

（2）求每一行和每一列的平均值，如果单个求解，则需要定义 9 个变量（4 个列平均值变量+5 个行平均值变量）。这不是一种好的问题求解方式。换个思路，将原来的五行四列二维数组在行、列上都扩展一下，定义成六行五列的二维数组，这样求解的是每一行和每一列最后的元素值，只需要将前面元素值加和求平均即可，程序变得很简洁。

【程序代码】

```
1   #include<stdio.h>
2   int main()
3   {
4       int i,j;
5       double score[6][5]={{78,66,91,62},{82,54,80,50},{90,88,77,78},
6                  {65,76,65,93},{74,92,88,81}};
7       for(i=0;i<5;i++)
8       {
```

```
9          for(j=0;j<4;j++)
10           score[i][4]+=score[i][j];
11         score[i][4]=score[i][4]/4;
12         printf("average of student %d is %6.2lf\n",i+1,score[i][4]);
13     }
14   printf("\n");
15   for(j=0;j<4;j++)
16   {
17       for(i=0;i<5;i++)
18        score[5][j]+=score[i][j];
19        score[5][j]=score[5][j]/5;
20        printf("average of course %d is %6.1lf\n",j+1,score[5][j]);
21   }
22   return 0;
23 }
```

【程序注解】

（1）第 5 行和第 6 行代码用于初始化数组，共五行四列的已知数据定义成了六行五列，行数和列数都比实际大 1，方便求平均值。初始化只根据已知条件进行初始化，其余值都默认为 0。

（2）第 10 行和第 11 行代码用于对每一行进行累加求平均值，即求得的是每名学生 4 门课的平均分；第 18 行和第 19 行代码用于对每一列进行累加求平均值，即求得的是每门课程 5 名学生的平均分。

# 6.3　字符数组与字符串的应用

C 语言的基本数据类型中没有字符串类型，通常要用字符数组来存储字符串。字符串在实际问题解决中应用非常广泛。

## 6.3.1　字符数组

字符数组的定义与一维数组相同，一般形式如下：

```
char 数组名[常量表达式];              //定义一维字符数组
char 数组名[常量表达式1][常量表达式2];   //定义二维字符数组
```
例如：
```
char string[10];
char string[3][10];
```
上面定义了字符数组 string[10]和 string[3][10]。string[10]是可以存储 10 个字符的一维字符数组，如果结尾字符是'\0'，代表这是一个字符串；string[3][10]是一个二维字符数组，共三行，每行都可以存储一个字符串，共可以存储 3 个字符串，每行字符串都包含 10 个字符。

字符数组可以在定义时赋初始值，赋值形式如下：

```
char s1[7]={'W','e','l','c','o','m','e'};
char s2[ ]={'c','o','m','p','u','t','e','r'};
char s[][4]={{'H','o','w',' '},{'a','r','e',' '},{'y','o','u','?'}};
```

上面 3 个字符数组被初始化后，各个数组元素在内存中的存储如图 6-5 所示。

| w | e | l | c | o | m | e |
|---|---|---|---|---|---|---|
| s1[0] | s1[1] | s1[2] | s1[3] | s1[4] | s1[5] | s1[6] |

| c | o | m | p | u | t | e | r |
|---|---|---|---|---|---|---|---|
| s2[0] | s2[1] | s2[2] | s2[3] | s2[4] | s2[5] | s2[6] | s2[7] |

| H | o | w | | a | r | e | | y | o | u | ? |
|---|---|---|---|---|---|---|---|---|---|---|---|
| s[0][0] | s[0][1] | s[0][2] | s[0][3] | s[1][0] | s[1][1] | s[1][2] | s[1][3] | s[2][0] | s[2][1] | s[2][2] | s[2][3] |

图 6-5　字符数组的存储结构

如果提供的初始值字符个数比事先定义的数组长度小，则只将这些字符赋给数组中前面那些元素，其余的自动被定为空字符（即'\0'）。

需要注意的是，由于字符型数据是以整数形式（ASCII 代码）存放的，因此也可以用整型数组来存放字符数据。例如：

```
int c[10];
c[0]='H'; c[1]='e'; c[1]='l'; c[1]='l'; c[1]='l';
```

这样赋值是合法的，但是很浪费空间。如果定义成 char 型，则每个字符占 1 字节；但是如果定义成 int 型，用整型空间存储字符，则每个存储单元就要占据 4 字节。

【例 6-11】通过键盘上输入一个字符串"I love C program!"，再输出到显示屏上，体会字符数组的输入/输出。

【程序代码】

```
1  #include<stdio.h>
2  int main()
3  {
4      char string[16];          //定义了一个字符数组，长度是 16 字节
5      int i;
6      for(i=0;i<16;i++)
7        scanf("%c",&string[i]);  //逐个字符输入
8      for(i=0;i<16;i++)
9        printf("%c",string[i]);  //逐个字符输出
10     return 0;
11 }
```

【运行结果】

```
I love C program
I love C program
```

字符数组同一维数值型数组一样，需要先定义后使用。字符数组的引用与普通数组的引用完全相同，需要用数组下标来引用对应的数组元素。

单个字符的输入/输出除了 scanf() 和 printf() 结合格式符 %c，还有另一对专门只针对字符的输入/输出函数：getchar() 和 putchar()。getchar() 函数用于从终端输入一个字符，输入的字符可以是任意 ASCII 码字符（包含回车符）；putchar(ch) 函数用于将一个字符 ch 输出到终端。

【例6-12】编程用单个字符输入/输出函数输入一个字符并输出到屏幕上。

【程序代码】

```
 1  #include<stdio.h>
 2  int main()
 3  {
 4     char ch;
 5     int i;
 6     ch=getchar();
 7     putchar(ch);
 8     putchar('\n');
 9     return 0;
10  }
```

从键盘输入任意一个字符,原样输出并回车换行。

## 6.3.2 字符串

字符串常量是由双引号引起来的字符序列。例如:

```
"hello world!"  "C program"
```

字符串常量与字符常量的差别在于,编译系统会在每个字符串的后面自动加上一个空操作符'\0',作为字符串结束标记。字符数组里存储的都是单个字符,字符数组的重要作用就是存储和处理字符串,但是一个字符数组存储的并不一定就是字符串,仅当其最后一个元素是'\0'时才表示字符串。'\0'是字符串结束的标志,输出时不会显示到屏幕上,它在内存中占1字节,但不计入字符串的实际长度,只计入数组的长度。在定义字符数组时,要考虑到,如果存储的是一个字符串,则数组长度就要大于实际字符串的长度,至少多留一个'\0'的存储单元。例如,要存储"china"字符串,需要定义的字符数组长度至少是6。

利用字符数组对字符串进行初始化的方式如下:

```
char s[]={"I love math!"};
```

或者简写为

```
char s[]="i love math!";
```

按照上面的语句初始化后,字符串在内存中的存储方式如图6-6所示。

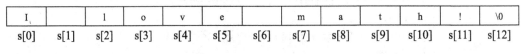

| I | | l | o | v | e | | m | a | t | h | ! | \0 |
|---|---|---|---|---|---|---|---|---|---|---|---|---|
| s[0] | s[1] | s[2] | s[3] | s[4] | s[5] | s[6] | s[7] | s[8] | s[9] | s[10] | s[11] | s[12] |

图6-6  字符串在内存中的存储

因此,下面的两个赋值语句是不同的。

```
char str[]={'c',' ','p','r','o',' ','g','r','a','m'};
char str[]={"c program"};
```

后者的数组长度比前者大1,'\0'在初始化时不需要放在字符串后,输出时也不显示在屏幕上。但它作为字符串结束标志会自动加在字符串结尾,占据一个字符空间。

若字符数组定义时没有同步进行初始化,如果后面想赋值,则只能对单个字符元素赋值,不能整体赋值。下面的赋值是错误的:

```
char str[20];
str="C program";
```

只能单个赋值，如：

```
str[0]='C';str[1]=' '; str[2]='p'; str[3]='r'; str[4]='o'; str[5]='g';
str[6]='r'; str[7]='a'; str[8]='m';
```

如果在程序运行中想高效便捷地一次性输入字符串，则可以使用 scanf()函数结合字符串格式符%s 实现，输出函数则用 printf()结合格式符%s 实现。

**【例 6-13】** 从键盘输入一个字符串，并将其输出到屏幕上。

**【程序代码】**

```
1  #include<stdio.h>
2  int main()
3  {
4    char str[20];
5    scanf("%s",str);
6    printf("%s",str);
7    return 0;
8  }
```

**【运行结果 1】**　　　**【运行结果 2】**

```
student
student
```
```
today is Sunday
today
```

**【程序注解】**

（1）%s 是字符串输入/输出格式符，即一次性输入/输出一个字符串。在第 5 行代码中，str 前面不需要加地址符&，因为 str 是数组名，数组名是数组的首地址，即 str 等价于&str[0]。按%s 字符串格式符输入时，从首地址开始依次往后将键盘读入的字符串存储到数组首地址开始的一段地址连续的空间中。

（2）第 6 行代码是一次性输出一个字符串，从数组首地址开始输出，输出过程中会逐个检查字符，如果遇到'\0'就立刻结束输出。例如，"printf("%s","hello\0world!");"是直接将一个字符串常量按%s 输出，输出结果是 hello，而非 hello\0world!，输出过程中碰到'\0'就立刻结束输出。

（3）在运行结果 2 中，键盘输入 today is Sunday，但是输出只有 today，是因为 C语言编译系统在大部分情况下把输入字符串整体当作一个字符，但是在用 scanf()函数结合%s 输入字符串时，会把空格当作字符串输入分隔符，因此只将空格前面的 today 送到str 数组中，碰到空格则认为该字符串输入结束。再如：

```
char s1[5],s2[5],s3[5];
scanf("%s%s%s",s1,s2,s3);
```

通过键盘输入：

```
Here you are! (回车)
```

空格作为字符串分隔符，将上面字符串作为 3 个字符串分别送给 s1、s2、s3，如图 6-7 所示。

| h | e | r | e | \0 |
|---|---|---|---|----|
| y | o | u | \0 | \0 |
| a | r | e | ! | \0 |

图 6-7　二维字符数组存储多个字符串

### 6.3.3 字符串处理函数

由于字符串有其特殊性，很多常规操作与数值型数据的处理方法不同，而是有专门的字符串处理函数。C 语言字符串处理函数库提供了很多有用的函数，如字符串赋值、连接等。若要使用这些函数，必须在程序的开头将头文件<string.h>包含到源文件中。常见字符串处理函数见表 6-2。

表 6-2 常见字符串处理函数

| 函数名 | 调用方法 | 功能 | 调用实例 |
|---|---|---|---|
| gets() | gets(str) | 从终端输入一个字符串到字符数组 str，输入回车结束（空格可读入数组） | char str[20]; gets(str); |
| puts() | puts(str) puts(字符串常量) | 将字符串 str 或字符串常量输出到终端，遇到'\0'则结束 | char str[20]="china!" puts(str);或 puts("china!"); |
| strlen() | strlen(str) | 求字符串 str 的实际长度，即不包含'\0'的实际字符数，遇到'\0'则认为字符串结束 | char str[20]="china!" printf("%d",strlen(str)); 输出结果：6 |
| strcpy() | strcpy(str1,str2) | 将字符串str2 复制到字符串 str1 中，全部覆盖 str1 的内容，要求 str1 的长度要大于或等于str2 | char s1[100]; char s2[]={"test"}; puts(strcpy(s1,s2)); 输出结果：test |
| strcmp() | strcmp(str1,str2) | 比较两个字符串 str1 和 str2 的大小，str1 和 str2 可以是字符串常量，也可以是字符数组名。用二者的 ASCII 码从左往右逐一比较，直到遇到第一个不相同的字符或字符串结束标志'\0'，ASCII 码大则该字符串大。比较结果如下：str1 大于 str2，返回值为正整数；str1 小于 str2，返回值为负整数；str1 等于 str2，返回值为 0 | char s1={"math"}; char s2={"man"}; n=strcmp(s1,s2); n 结果为 1 n=strcmp(s1,"math"); n 结果为 0 n=strcmp("com"，s2); n 的结果为-1 |
| strcat() | str(str1,str2) | 将字符串 str2 连接到字符串 str1，合并成一个字符串，存储到 str1 中，要求定义时 str1 的大小能放下连接后的字符串，两个字符串中任意一个均可以是字符串常量 | char s1[100]="hello"; char s2[]="world!"; puts(strcat(s1,s2)); 输出结果：hello world! |
| strncpy() | strncpy(s1,s2,n) | 将 s2 最前面的 n 个字符复制到 s1 中，取代 s1 中原有的 n 个字符，但复制的字符个数 n 不应多于 s1 中原有的字符（不包括'\0'） | char s1[ ]="teach"; char s2[ ]="health"; strncpy(s1,s2,3); puts(s1); 输出结果：heach |
| strlwr() | strlwr(str ) | 将字符串 str 中的大写字母转化为小写字母 | char str[]="BeiJing"; puts(strlwr(str)); 输出结果：beijing |

| 函数名 | 调用方法 | 功能 | 调用实例 |
|---|---|---|---|
| strupr() | strupr(str ) | 将字符串 str 中的大小写字母转化为大写字母 | char str[]="BeiJing";<br>puts(strupr(str));<br>输出结果：BEIJING |

【例 6-14】从键盘输入 5 个字符串，将其中最大的字符串打印出来。

【问题分析】

求最大值可以用"打擂台"的解题思路，核心操作在于比较。但是与前面例子不同的是，本题属于字符串之间的比较与复制，需要用到字符串比较函数 strcmp() 和字符串复制函数 strcpy()，以及字符串输入函数 gets() 和字符串输出函数 puts()。

【程序代码】

```
1  #include<stdio.h>
2  #include<string.h>
3  int main()
4  {
5    char str[5][100],max[100]="";  //max初始化为空字符串
6    int i;
7    for(i=0;i<5;i++)
8    {
9      printf("please enter the %d string:",i+1);
10     gets(str[i]);
11   }
12   for(i=0;i<5;i++)
13   {
14     if(strcmp(str[i],max)>0)
15       strcpy(max,str[i]);
16   }
17   printf("the max string is:");
18   puts(max);
19   putchar('\n');
20   return 0;
21 }
```

【运行结果】

```
please enter the 1 string:korea
please enter the 2 string:japan
please enter the 3 string:indian
please enter the 4 string:china
please enter the 5 string:england
the max string is:korea
```

【程序注解】

这是一个二维字符数组，按行可以看成由 5 个一维字符数组（字符串）组成，str[0]、str[1]、str[2]、str[3]、str[4]可看作每一行的一维数组的数组名，即代表数组的首地址。str[0]等价于&str[0][0]，str[1]等价于&str[1][0]……所以第 10、14、15 行这三行代码中 str[i] 是每行数组的数组名。

**【拓展思考】**

如果要对输入的 5 个字符串从小到大排序，应如何改写程序？请上机调试。

**【例 6-15】** 设 5 名学生的 C 语言成绩存储在一个数组中，5 名学生的姓名存储在另一个数组中。这两个数组每名学生的姓名与成绩的下标要始终保持一致（如第一个学生的姓名和第一个成绩相对应）。编程实现：

（1）打印按成绩从高到低排序后的学生姓名。

（2）打印按姓名从小到大排序（字符串比较）后的成绩。

**【问题分析】**

核心算法是排序，可以采用冒泡或者选择排序。比较对象有两类，一是按成绩排序，只需要按数值类数据进行比较即可；另一类是按姓名排序，姓名是字符串，故需要用字符串比较函数 strcmp()。特别需要注意的是，排序过程中涉及交换，因为姓名与成绩是对应的，交换姓名的同时要交换成绩，而交换成绩的同时也要交换姓名，交换姓名需要用 strcpy()函数。

**【程序代码】**

```
1  #include<stdio.h>
2  #include<string.h>
3  int main()
4  {
5      int i,j;
6      double t;
7      char temp[10];   //用于交换姓名字符串时作为中间变量
8      char name[5][10]= {"liu","wang","tian","zhao","qian"};
9      double score[5]= {79,84,65,89,60};
       //按成绩从高到低排序
10     for(j=0; j<4; j++)
11       for(i=0; i<4-j; i++)
12       {
13           if(score[i]<score[i+1])
14           {
15               t=score[i];
16               score[i]=score[i+1];
17               score[i+1]=t;
18               strcpy(temp, name[i]);
19               strcpy(name[i], name[i+1]);
20               strcpy(name[i+1], temp);
21           }
22       }
23     printf("按成绩排序后的结果是:\n");
24   for(i=0; i<5; i++)
25       printf("%s\t%.1f\n", name[i], score[i]);
       //按姓名从小到大（字符串比较）排序
26   for(j=0; j<4; j++)
27       for(i=0; i<4-j; i++)
28       {
29           if(strcmp(name[i],name[i+1])>0)
```

```
30              {
31                  strcpy(temp, name[i]);
32                  strcpy(name[i], name[i+1]);
33                  strcpy(name[i+1], temp);
34                  t=score[i];
35                  score[i]=score[i+1];
36                  score[i+1]=t;
37              }
38          }
39      printf("按学生姓名排序后结果是:\n");
40      for(i=0; i<5; i++)
41          printf("%s\t%.1f\n", name[i], score[i]);
42      return 0;
43  }
```

# 6.4 综合实例——学生成绩管理系统 V1.0

用一维数组实现一个简单的学生成绩管理系统，假定计科班有 10 个学生，该系统需要实现的功能如下。

（1）输入 10 个学生对应的学号和程序设计语言期末成绩（假定学号正序：180，181，182，…且设定不同的学生有些存在同样的成绩），将学号和成绩存在两个数组中，假设数组下标和学号顺序是相互对应的。

（2）将所有学号和成绩信息输出。

（3）查找第 4 个学生，将他的学号和成绩直接输出。

（4）请将班里程序设计语言成绩按照百分制转五等级的方式进行转换，并统计各分数段人数，90 分及以上为 A，70~89 分为 B，60~69 分为 C，60 分以下为 D。转换之后将学生信息按照如下格式输出：

176　85　　B
178　50　　D
180　90　　A
……

90 分以上人数：2 人
70~89 分人数：3 人

（5）统计所有 90 分及以上和 60 分以下的学生人数，将各自人数输出，并输出对应的学号和成绩。

（6）分别求出成绩最高和最低的学生，将其学号和成绩输出，若成绩相同则都要输出。

（7）求出这门课的全班平均成绩并输出。

（8）有两个学生转专业进入计科班，学号和成绩分别为：176　85 分和 178　45 分，将二人学号和成绩信息插入对应的数组（需将数组手动扩容），保证两个数组仍按照学号正序排列。

（9）在上面数组的基础上，班级里学号为 184 的学生要当兵入伍，因此要将此人从班级信息库中删除，请删除完将其余学生信息输出，并保证数组连续。

（10）请按成绩从高到低排序，然后将排序之后的学生学号和成绩都输出。

【参考程序】

```c
#include<stdio.h>
#define M 10
#define N 12
main()
{
    int number[N],m,n,temp2;
    char grade[N];
    float g,max,temp1,min,aver,score[N],sum=0;
    int i,j,t,k,f;
    m=n=0;
    //学生信息输入
    printf("请输入%d 个学生的学号及程序设计语言成绩: \n",M);
    for(i=0;i<M;i++)
    scanf("%d%f",&number[i],&score[i]);
    //学生信息输出
    printf("\n%d 个学生的学号和成绩分别是: \n",M);
    for(i=0;i<M;i++)
    printf("number:%d  score:%f\n",number[i],score[i]);
    //第四个人信息输出
    printf("\n 第四个学生的学号和成绩是: %d,%f\n",number[3],score[3]);
    //90 分及以上的人输出
    printf("90 分及以上的人: \n");
    for(i=0;i<M;i++)
    {
        if(score[i]>=90)
         {printf("%d,%f\n",number[i],score[i]);
          m++;}

    }
    //60 分以下的人输出
    printf("60 分以下的人: \n");
    for(i=0;i<M;i++)
        if(score[i]<60)
        {printf("%d,%f\n",number[i],score[i]);
          n++;}
    //统计 90 分及以上和 60 分以下的人数
    printf("\n90 分及以上的学生共%d 人\n",m);
    printf("60 分以下的学生共%d 人\n",n);
    //成绩百分制转为五等级输出
    for(i=0;i<M;i++)
    {if(score[i]==100)
      grade[i]='A';
      g=score[i]/10.0;
      switch((int)g)
```

```
{case 0:case 1:case 2:case 3:case 4:
 case 5:grade[i]='D';break;
 case 6:grade[i]='C';break;
 case 7:case 8:grade[i]='B';break;
 case 9:grade[i]='A';break;
}

}
printf("\n 成绩百分制转为五等级：\n");
for(i=0;i<M;i++)
printf("number:%d,score=%f,grade=%c\n",number[i],score[i],grade[i]);

//求最高分、最低分和平均分，并把对应的学生信息输出
max=score[0];
min=score[0];
t=0;   //避免第一个人成绩最高无法输出
k=0;   //避免第一个人成绩最低无法输出
for(i=0;i<M;i++)
{  sum+=score[i];
   if(score[i]>max) {max=score[i];t=i;}
   if(score[i]<min) {min=score[i];k=i;}
}
aver=sum/M;
for(i=0;i<M;i++)
{
   if(score[i]==max)   //检查多个人成绩相同，且都是最高分
   printf("\n 成绩最高：%d,%f\n",number[i],score[i]);

}
for(i=0;i<10;i++)
{
if(score[i]==min)       //检查多个人成绩相同，且都是最低分
   printf("\n 成绩最低：%d,%f\n",number[i],score[i]);}

printf("\n 全班平均成绩：%f\n",aver);
//转入两个学生之后将信息输出（数组手动扩容）
for(i=M-1;i>=0;i--)
{number[i+2]=number[i];
score[i+2]=score[i];}
number[0]=176;
number[1]=178;
score[0]=85;
score[1]=45;
printf("\n 转入两个学生后的全部学生信息：\n");
for(i=0;i<N;i++)
printf("number:%d,score:%f\n",number[i],score[i]);
//删除学号是 184 的学生
for(i=0;i<N;i++)
if(number[i]==184)
```

```
    {for(j=i+1;j<N;j++)
      {number[j-1]=number[j];
       score[j-1]=score[j];}}
printf("删除学号是 184 的学生之后：\n");
for(i=0;i<N-1;i++)
printf("number:%d,score:%f\n",number[i],score[i]);
//成绩从高到低排序，将排序后的学生信息输出
printf("\n 成绩从高到底排序：\n");
for(i=0;i<M;i++)
for(j=0;j<M-i;j++)
if(score[j]<score[j+1])
{
    temp1=score[j];score[j]=score[j+1];score[j+1]=temp1;
    temp2=number[j];number[j]=number[j+1];number[j+1]=temp2;
}
for(i=0;i<N-1;i++)
printf("number:%d,score:%f\n",number[i],score[i]);

}
```

# 本 章 小 结

　　本章介绍了如何利用数组进行批量数据处理，包括一维数组、二维数组、字符数组的定义、初始化、引用及应用实例。数组各元素存储在地址连续的一段内存单元中，元素下标从 0 开始，使用时注意越界问题。给数组元素赋值或对数组做整体处理时，一般会结合循环结构，用循环结构自增变量控制数组下标变化。二维数组可以看作按行存储的一维数组，每个二维数组元素都需要有行下标和列下标共同标识其在二维数组中的位置。字符数组主要用来存储字符串，字符串是以双引号引起来的一组字符序列，结束标志为'\0'。C 语言给出了一些常见的字符串处理函数，如字符串连接函数 strcat()、字符串比较函数 strcmp()、字符串复制函数 strcpy()等。这些函数在实际字符串处理中应用广泛，如果要在程序中调用这些函数，则需要添加预处理命令#include<string.h>。本章实例中数组的增加、删除、修改、查找、排序、求最大/最小值等算法，为后续内容的推进打下了很好的基础。

# 习 题

## 一、基础巩固

　　1. 有一行文字，要求删去某一个字符。此行文字和要删去的字符均由键盘输入，要删去的字符以字符形式输入（如输入 a 表示要删去所有的 a 字符）。请将下面的程序补充完整。

```
#include<stdio.h>
int main()
{
```

```
        char str1[100],str2[100];
        char ch;
        int i=0,k=0;
        printf("please enter  astring:\n");
        gets(str1);
        scanf("%c",&ch);
        for (i=0;  _____;  i++)
            if (str1[i]!=ch)
            {
                str2[_____]=str1[i];
                k++;
            }
        str2[_____]='\0';
        printf("\n%s\n",str2);
        return 0;
    }
```

2. 编程实现：将一个已知数组进行倒置并输出。

3. 有一句英文电文，传输过程中要进行加密处理，加密规则是：第 1 个字母变成第 26 个字母，第 2 个字母变成第 25 个字母，第 3 个字母变成第 24 个字母……编程输入电文原文并输出加密电文。

## 二、能力提升

1. 编写一个程序，输入一个字符串，统计此字符串中字母、数字、空格和其他字符的个数并输出。

2. 编写程序打印 10 行杨辉三角形。杨辉三角形如下所示：

```
1
1    1
1    2    1
1    3    3    1
1    4    6    4    1
...
```

3. 编写一个简单的员工工资管理系统（1.0 版），用两个一维数组分别存放员工工号和工资。要求实现如下功能：

（1）输入并输出员工的工号和基本工资。

（2）查找某个员工的工资并输出。

（3）查找某两个工资金额范围内的所有员工并输出对应信息。

（4）求所有员工的平均工资。

（5）求员工中的最高工资及最低工资。

（6）假如新入职两名员工，请将他们的工号和工资插入已有数组。

（7）假如有一名员工离职，请将其信息删除并保证数组的连续性。

（8）请按照工资从低到高排序输出对应员工的工号及工资信息。

# 第7章 模块化程序设计

## 知识要点

> 函数的基本概念。
> 函数的适用场景。
> 函数的定义、调用以及声明。
> 使用函数对数组进行模块化操作。
> 函数的嵌套和递归调用。
> 变量的作用及其生存周期。
> 内部函数和外部函数的定义。

在前面几章中，编写的 C 程序主要功能全部都放在 main()函数中。但是如果程序的功能很多，规模比较大，要解决的问题很复杂，这样把所有功能都放在 main()函数中就使得主函数比较冗长，程序可读性较差，也不便于调试维护。另外，如果程序中要多次实现某一功能，如对数组排序后重新输出、对数组倒置后重新输出、数组中插入元素后重新输出、数组中删除元素后重新输出，多次输出数组的操作会造成主函数中代码大量重复。

解决以上问题最好的办法就是采用模块化程序设计的思路。将每一个功能都编写成一个独立的函数（用户自定义函数），这个自定义的函数也称为一个模块，这样一个大的程序就由一个个模块"组装"而成。如果程序需要多次实现某个功能，则只需要多次调用这一模块函数即可。功能函数只写一次，但是可以多次调用，而不需要多次重复编写，函数调用只需一行代码就可实现。

一个 C 程序可由一个主函数和其他若干子函数组成，每个子函数都实现一个特定功能，由主函数调用其他子函数，其他子函数之间也可相互调用。同一个函数也可以被一个或者多个函数多次调用。

## 7.1 用户自定义函数实现模块化程序设计

### 7.1.1 如何定义函数

C 语言提供了很多库函数，如标准输入/输出函数、字符串处理函数等。这些函数用来实现特定功能，但如果要解决更多实际问题，则需要用户自己编写一些函数来实现想要实现的功能。用户自己编写的函数就是用户自定义函数。

按照函数有无参数，可将用户自定义函数分为：无参函数和有参函数。对比如下两个例题的程序。

【例7-1】编写程序输出如下结果。

【程序代码】

```
1  #include <stdio.h>
2  void printstars();          //对函数 printstars 的声明
3  void printmessage();        //对函数 printmessage 的声明
4  int main()
5  {
6    printstars();             //调用 printstars 函数
7    printmessage();           //调用 printmessage 函数
8    printstars();             //调用 printstars 函数
9    return 0;
10 }
11 void printstars()           //定义 printstars 函数
12 {
13   printf("*******************\n");
14 }
15 void printmessage()         //定义 printmessage 函数
16 {
17   printf("Hello, world.\n");
18 }
```

【例7-2】编写程序求两个数的最大值和最小值。

【程序代码】

```
1  #include <stdio.h>
2  int max(int m,int n);  //对函数 max 的声明
3  int min(int m,int n);  //对函数 min 的声明
4  int max(int m,int n)   //定义函数 max
5  {
6    if(m>n)
7      return m;
8    else                      可以改成：return m>n?m:n;
9      return n;
10 }
11 int min(int m,int n)   //定义函数 min
12 {
13   return m<n?m:n;
14 }
15 int main()
16 {
17   int a,b,maxvalue,minvalue;
18   printf("please enter two values:\n");
19   scanf("%d%d",&a,&b);
20   maxvalue=max(a,b);   //调用函数 max
21   minvalue=min(a,b);   //调用函数 min
22   printf("the maxvalue is %d,the minvalue is %d.\n",maxvalue,minvalue);
```

```
23      return 0;
24 }
```

【运行结果】

```
please enter two values:
10 88
the maxvalue is 88,the minvalue is 10.
```

例 7-1 的程序中定义了两个无参函数：printstars()和 printmessage()。例 7-2 的程序中定义了两个有参函数：max()和 min()。

定义无参函数的一般格式如下：

函数返回值类型名 函数名()◄—— 函数头
{
    函数体
}

定义有参函数的一般格式如下：

函数返回值类型名 函数名(类型名 形式参数1,类型名 形式参数2,...)◄—— 函数头
{
    函数体
}
                                              形参列表

无参函数指在函数调用时，主调函数不向被调函数传递参数。在例 7-1 中，main()函数中调用了 printstars()和 printmessage()函数，前者是主调函数，后面二者是被调函数。例 7-1 程序的代码第 6、7、8 行均是主调函数正在调用被调函数，但并未传递参数，即 printstars 和 printmessage 后面括号中都没有任何参数。因此，这两个函数的定义中函数头部也没有参数。通常只执行一组简单操作（如输出操作）、不需要进行数据传递或处理的函数，就可以定义为无参函数。

有参函数指在函数调用时，主调函数向被调函数传递参数，通过参数向被调函数传输数据。在例 7-2 中，第 20、21 行代码就是在主函数 main()中调用 max()和 min()两个函数，调用的同时传递两个整型变量值 a 和 b，而被调函数中 m 接收了 a 的值，n 接收了 b 的值，然后分别求得最大和最小值，再通过 return 返回主调函数中发生函数调用的位置。

函数的定义不能嵌套，函数定义需要放在函数之外，而不能在一个函数中定义另一个函数，但是函数声明可以放在函数之内（见 7.1.3 节）。以下函数定义是错误的。

```
double f1()
{
    …
    int f2()      //此处在 f1 函数中定义 f2 函数，是不允许的
    {
        …
    }
    …
}
```

### 7.1.2　如何调用函数

用户自定义的函数可以被主函数 main()、C 语言库函数或者其他用户自定义函数进行多次调用。调用的一般形式如下：

函数名(实际参数 1, 实际参数 2, …)

实参列表

如果是调用无参函数,则实参列表可以没有,但括号不可以省略,如例 7-1 中第 6~8 行代码。

### 1. 函数调用过程

一个 C 语言源程序文件由一个或多个函数组成,但有且仅有一个主函数 main()。主函数是 C 程序执行的起点,程序运行结束也是当 main()函数所有语句都执行完毕时才结束。在主函数 main()里可以调用多个函数,其他函数之间也可以相互调用,但是其他函数不能调用 main()函数。当程序顺序执行到函数调用语句时,则先去执行该被调函数;被调函数执行完,又继续执行主调函数的其他语句。

```
用户自定义函数 1()
{
   函数体
}
main()
{
   语句 1;
   调用函数 1
   语句 2;
}
```

无论主函数 main()在程序的什么位置,都要先从 main()函数开始。先执行 main()函数中语句 1,然后调用函数 1,程序流程转到执行用户自定义函数 1 中的函数体。当被调函数 1 执行完毕时,则又返回 main()函数,继续执行语句 2,最后程序结束。

函数调用方法有如下四种形式。

(1)单行语句形式。这种函数调用形式最为常见。如例 7-1 中第 6 行代码 "printstars();"。

(2)在表达式中调用。即函数作为表达式的一部分。

【例 7-3】计算 S=1!+2!+3!+…+n!的值。

【问题分析】

求阶乘值可以单独定义一个函数,将结果返回主函数,而求和则写在主函数中。

【程序代码】

```
1  #include <stdio.h>
2  long fac(int k)
3  {
4     int j;
5     long s=1;
6     for(j=1;j<=k;j++)
7         s*=j;
8     return s;
9  }
10 int main()
11 {
```

```
12    int i,n;
13    long sum=0;
14    printf("please enter n:\n");
15    scanf("%d",&n);
16    for(i=1;i<=n;i++)
17        sum=sum+fac(i);
18    printf("sum is %ld.\n",sum);
19    return 0;
20  }
```

【运行结果】

在上面程序中，第 17 行就是把函数 fac()的调用结果作为了算术表达式的一部分。再如例 7-2 中的第 20 行代码 "maxvalue=max(a,b);"，则是将 max()函数的调用结果作为了赋值表达式。

（3）在输出表列中调用。

【例 7-4】求 n!。

【程序代码】

```
1  #include <stdio.h>
2  long fac(int k)
3  {
4    int j;
5    long s=1;
6    for(j=1;j<=k;j++)
7        s*=j;
8    return s;
9  }
10 int main()
11 {
12   int n;
13   printf("please enter n:\n");
14   scanf("%d",&n);
15   printf("%d!=%ld\n",n,fac(n));
16
17 }
```

【运行结果】

在上面程序中，第 15 行代码中在输出列表中调用 fac(n)。

2. 函数调用时的参数传递问题

在函数调用有参函数时，主调函数和被调函数之间会发生参数（数据）传递。在主调函数中，函数调用语句里函数名称后面括号中的变量被称为实际参数（简称"实参"），实参可以是常量、变量或表达式，但无论是什么，都必须要有确定的值。如例 7-2 中第

20 行 "maxvalue=max(a,b);"，调用函数 max()时同步传递了实参 a 和 b，a 和 b 是变量，其值是在调用之前由键盘输入的两个整数。

被调函数 max()在函数定义时函数头部的函数名后面括号中的变量被称为形式参数（简称"形参"）。如例 7-2 中第 4 行代码 "int max(int m,int n)"，m 和 n 是形参。形参是在参数传递时被临时定义的变量，系统会为其开辟临时内存空间。当函数调用结束时，形参的存储空间就会被释放。因而，形参只在所在函数内生效，且仅在该函数被调用时生效。

实参和形参之间的数据传递只能是单向"值传递"，由实参传递给形参，不能由形参传递给实参。二者需要在类型、数量、顺序上保持一致。例 7-2 传递参数的过程如图 7-1 所示。

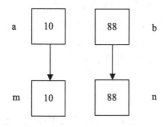

图 7-1 例 7-2 传递参数的过程

当调用 max()函数时，实参 a 传递给临时定义的形参 m，实参 b 传递给临时定义的形参 n。因而，a 和 m、b 和 n 在类型上要一致，都是整型变量。实参有两个参数变量，形参也必须有两个；在顺序上，第一个实参传递给第一个形参，第二个实参传递给第二个形参。

### 7.1.3 如何对函数进行声明

例 7-2 中的第 2 和 3 行是对用户自定义函数 max()和 min()的声明。在 C 程序中，对函数实行"先定义，后使用"的原则。如果被调函数在主调函数调用之前，则可以直接调用，不需要对被调函数进行声明。如例 7-2 中，max()和 min()两个被调函数的定义均在主调函数 main()调用之前，此时就不需要对二者进行声明，第 2 和 3 行代码可以省略。反之，如果被调函数在主调函数之后，则应该先声明，才能调用。函数的声明方法如下。

1. 标准库函数的声明

如果被调函数是 C 语言编译系统提供的标准库函数，则可在程序的开头部分用 #include 进行文件包含。例如：

- 主调函数中如果调用 printf()和 scanf()函数，则需要在程序开头用#include <stdio.h>进行包含。
- 主调函数中如果调用 sqrt()等数学函数，则需要在程序开头用#include <math.h> 进行包含。
- 主调函数中如果调用 strcmp()、strcpy()等字符串函数，则需要在程序开头用 #include<string.h>进行包含。

2. 用户自定义函数的声明

如果是用户自定义函数，如主调函数和被调函数在同一程序文件中，在调用前需要做如下声明：

```
类型名  函数名(类型名 形式参数1,类型名 形式参数2,…);
```

函数声明的格式类似函数头部，但仅仅是一条对函数的说明语句，因而后面需要加分号。形参列表中的形式参数1、形式参数2等形参名称可以省略，但是其类型名不可省略。函数声明语句的作用是告知编译系统被调函数的类型、名称及参数个数和类型。

函数声明语句的位置一般有两个，在不同位置声明函数，函数的作用范围不同。

（1）在所有函数外部进行声明。在所有函数外部声明的函数，在声明位置之后所有函数均可作为主调函数来调用该函数。这种情况通常把声明语句放在程序文件开头对预处理命令编译之后，方便其后所有函数根据需要对其进行调用。例如：

```
double  f1();          //声明函数 f1()
int  f2();             //声明函数 f2()
int  main()
{
 …
  m=f1();              //在 main() 函数中调用函数 f1()
  n=f2();              //在 main() 函数中调用函数 f2()
 …
}
double  f1()
{
 …
  k=f2();              //在 f1() 函数中调用函数 f2()
 …
}
int  f2()
{
 …
}
```

在上面的程序段中，f1()和f2()在程序开头都进行了声明，意味着其后所有函数都可以调用它们。main()函数中调用了f1()和f2()，f1()中也调用了f2()。

（2）在主调函数内部进行声明。函数声明放在某一函数体内部。例如：

```
int main()
{
   double f1();  //对函数 f1()进行声明
   …
}
```

上面程序段对f1()函数的声明放在了main()函数中，那么它只能被main()函数调用，其他函数不能调用f1()。再如：

```
double  f1()
{
  int  f2();
  …
}
```

上面程序段对 f2()函数的声明放在了函数 f1()中,那么它只能被 f1()函数调用,而不能被其他函数调用。

### 7.1.4 函数的返回值

从例 7-2 中第 4 行代码可以看出,函数 max()前面的类型名是 int,说明该函数执行完将会有一个返回值且为整型,将这个整型值由 return 带回到主调函数发生调用的位置。

当被调函数有具体的返回值时,可以用 C 语言关键字 return 返回。return 后面的返回值类型要与函数的类型名一致。如果无返回值,则需要将函数的类型名写作 void(即空类型或无值型)。函数调用结束,自动返回主调函数调用语句的位置,继续执行主调函数后面的其他操作。

关键字 return 的用法如下:

```
return;              //不需要向主调函数返回数据
return 表达式;        //需要向主调函数返回表达式的值
```

在 "return 表达式;" 这一语句中,表达式的形式可以是任意常量、变量或者常量表达式,但必须是有且仅有一个具体确定的值返回。C 语言规定函数返回值只能有一个,例如在例 7-2 中:

```
int max(int m,int n)
{
  if(m>n)
    return m;
  else
    return n;
}
```

虽然有两个 return 语句,但是由于是选择结构,所以最终只有一个返回值。

## 7.2 函数的嵌套调用和递归调用

### 7.2.1 函数的嵌套调用

在一个函数中调用另一个函数,被称为函数的嵌套调用。例如:

```
int  f1();       //声明函数 f1()
int  f2();       //声明函数 f2()
main()
{
  程序段1
  a=f1();         //在 main()函数中调用函数 f1()
  程序段2
}
int f1()
{
  程序段3
  b=f2();         //在 f1()函数中嵌套调用函数 f2()
  程序段4
```

```
    }
    int  f2()
    {
      程序段 5
    }
```

上面函数嵌套调用的执行过程如图 7-2 所示。

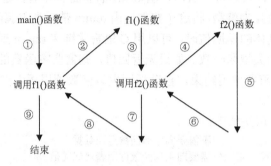

图 7-2　函数嵌套调用的执行过程

（1）执行 main()函数的①，即程序段 1。

（2）调用函数 f1()，流程跳转到 f1()函数中，执行 f1()中的③，即程序段 3。

（3）在函数 f1()中，调用函数 f2()，流程跳转到 f2()函数中，执行 f2()中的⑤，即程序段 5。

（4）f2()函数执行完，返回它的主调函数 f1()中，继续执行 f1()中的⑦，即程序段 4。

（5）f1()执行完，返回它的主调函数 main()中，继续执行 main()中其他语句⑨，即程序段 2。

（6）程序结束。

【例 7-5】输入两个数，编写两个用户自定义函数，分别求这两个数的最大公约数和最小公倍数。

【问题分析】

最大公约数可以采用欧几里得辗转相除法求解；最小公倍数则可以用两个数的乘积除以最大公约数求得。

【程序代码】

```
1   #include <stdio.h>
2   int gys(int, int);      //声明最大公约数函数，省略形参变量名称
3   int gbs(int, int);      //声明最小公倍数函数，省略形参变量名称
4   int main()
5   {
6     int value1,value2;
7     int cd, cm;          //最大公约数和最小公倍数变量
8     printf("please enter two numbers:");
9     scanf("%d%d",&value1,&value2);
10    cd=gys(value1, value2);
11    cm=gbs(value1,value2);
12    printf("the gys is: %d\n",cd);
13    printf("the gbs is: %d\n",cm);
```

```
14      return 0;
15  }
16
17  int gys(int m, int n)
18  {
19    int r;
20    while(n!=0)              //辗转相除法
21    {
22        r=m%n;
23        m=n;
24        n=r;
25    }
26    return m;
27  }
28
29  int gbs(int m, int n)
30  {
31      return m*n/gys(m, n);  //在求最小公倍数函数中调用最大公约数函数
32  }
```

【运行结果】

```
please enter two numbers:10 35
the gys is: 5
the gbs is: 70
```

在上面程序实例中，main()函数中调用了gys()函数和gbs()函数分别求最大公约数和最小公倍数。在调用gys()函数时，流程首先转向gys()被调函数，当gys()函数执行完时，返回main()函数，继续调用gbs()函数，流程转向gbs()函数。但在执行gbs()函数时，gbs()函数中又调用了gys()函数，这就是函数的嵌套调用。main()函数调用最小公倍数函数gbs()的执行流程如图7-3所示。

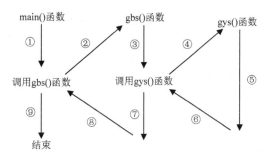

图7-3  最大公约数与最小公倍数函数嵌套执行过程

### 7.2.2  函数的递归调用

函数的递归调用指一个函数直接或间接地调用该函数本身，这个函数就是递归函数，递归调用是函数嵌套调用的特殊形式。如果函数f1()的函数体中出现了调用f1()函数自身，这种调用被称为直接递归调用；如果函数f1()的函数体中先调用f2()函数，而在f2()函数体中又调用了函数f1()，相当于f1()函数通过f2()函数间接调用自身，这种调用被称为间接递归调用。

递归能够解决一类特定问题，就是把一个不能或不好直接求解的"大规模"问题转化成一个或几个"小规模"问题来解决。这些小规模问题又能进一步分解为更小规模的问题来解决，如此分解，直至每个小问题都解决，碰到递归出口结束，整个大问题得以解决。这里有一个很重要的前提：解决小问题的算法和解决大问题的算法完全一致。

编写递归函数有两个要点：确定递归公式和根据公式确定递归函数的出口。递归必须要有出口条件，用于结束递归。

【例 7-6】编写递归函数计算 1+2+3+4+…+n 的累加和。

【问题分析】

累加和问题在第 5 章循环结构中出现过，当时的解决方法是利用循环结构求解。在本例中要求用递归函数实现，需要先根据问题推导出递归公式，将大规模问题前 n 项和拆成小规模问题，要求前 n 项和，则可为前 n-1 项和加上第 n 项的值，即累加和 s(n)=s(n-1)+n；而前 n-1 项和又等于前 n-2 项和加上 n-1，…，即解决前 n 项和的算法和解决前 n-1 项和的算法完全一致。递归公式可确定为 s(n)=s(n-1)+n；递归出口条件是 n=1，当只有 1 项和的时候，其值就是 1。

以 n=5 为例，可以将 1+2+3+4+5 看作（1+2+3+4）+5，这样处理对象由 5 个转变成了 2 个：（1+2+3+4）和 5。再将 1+2+3+4 看作（1+2+3）+4，也变成了 2 个处理对象。依此推导，将这个累加和求解问题看成一个由内而外的运算：(((1+2)+3)+4)+5。最后，当只有一个数 1 时返回，返回到各层依次进行计算：1+2=3、3+3=6、6+4=10、10+5=15，至此问题得到解决。

【程序代码】

```
1   #include<stdio.h>
2   long sum(int n)              //定义递归函数
3   {
4     if(n==1)                   //递归出口条件
5       return 1;
6     else
7       return n+sum(n-1);       //递归公式
8   }
9   int main()
10  {
11    int n;
12    long s;
13    printf("please enter n:\n");
14    scanf("%d",&n);
15    s=sum(n);
16    printf("1+2+3+...+%d=%ld\n",n,s);
17    return 0;
18  }
```

上面的算法可以描述为如下分段函数：

$$s(n) = \begin{cases} n+s(n-1), & n>1 \\ 1, & n=1 \end{cases}$$

递归内部的执行流程如图 7-4 所示。

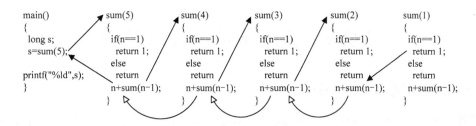

图 7-4　前 $n$ 项自然数累加和递归函数执行流程

**【例 7-7】**编写函数求解斐波那契数列前 20 项和。

**【问题分析】**

斐波那契数列的特点是从第三项开始，每一项都等于前两项之和：1,1,2,3,5,8,13,21,34,…可以看出递推公式为 fib($n$)=fib($n-1$)+fib($n-2$)；递归出口为 $n=1$ 或 $n=2$ 时，返回 1。

**【程序代码】**

```
1   #include<stdio.h>
2   int fib(int n);
3   int main()
4   {
5     int i;
6     long s=0;
7     for(i=1;i<=20;i++)
8       s+=fib(i);
9     printf("n=,s=%ld",s);
10    return 0;
11    }
12    int fib(int n)
13    {if(n==1||n==2)
14      return 1;
15    else
16      return fib(n-1)+fib(n-2);
17    }
```

**【运行结果】**

n=20, s=17710

**【例 7-8】**汉诺塔问题。

用递归编程更加直观易读，可以更加清晰地描述问题的解决逻辑。递归不仅仅解决求 $n$ 项和、求阶乘、求斐波那契数列这样的数值型问题，更适合解决一些非数值领域问题，如经典的汉诺塔、八皇后、骑士游历等问题。

理论上第 5 章介绍的迭代问题都可以转化成递归去解决问题，但是由于递归函数的调用过程相对复杂，要进行参数传递、现场保护，这样反而增加了程序的时间和空间复杂度，效率偏低，因此在解决数值类型问题时，虽然递归函数设计简单，但是更推荐选择用迭代法实现，以提高程序执行效率。

## 7.3 用模块化程序设计解决数组中的问题

### 7.3.1 一维数组的模块化程序设计

用模块化程序设计思想解决数组问题，需要将数组作为参数传递给用户自定义函数，进而实现在用户自定义函数内部对数组进行操作。一般数组做函数参数有两种形式：一是把数组元素作为函数实参进行数据传递；二是把数组名作为函数实参进行数据传递。第一种情况传递数组元素与其他传递普通变量并没有区别，都是单项值传递，其调用方式与普通变量一样。第二种情况将数组名作为函数实参，相当于将整个数组的首地址传给了被调函数，数组名代表数组的首地址，即首元素的地址，此时在被调函数中对形参数组所做的一切操作，实际上就是对主调函数中的数组进行的操作。

【例 7-9】班里有 10 名同学参加校园歌手大赛，通过键盘输入每名同学的比赛成绩，编写用户自定义函数，输出对应的一、二、三等奖，假设 90 分以上为一等奖，80~90 分为二等奖，60~80 分为三等奖。

【问题分析】

可以将每个参赛者的成绩作为实参传递给被调函数，被调函数可以用一个变量作为形参，并进行成绩判断，大于 90 分返回 1；80~90 分返回 2；60~80 分返回 3。主调函数根据返回值输出对应的一、二、三等奖。

【程序代码】

```
1  #include<stdio.h>
2  int rank(float t)                    //形参用普通变量接收
3  {
4    int r;
5    if(t>=90) r=1;
6    else if(t>=80&&t<90) r=2;
7    else if(t>=60&&t<80) r=3;
8    else
9      r=0;
10   return r;
11 }
12 int main()
13 {
14   int i,k;
15   float score[10];
16   printf("please enter 10 scores:\n");
17   for(i=0;i<10;i++)
18    {
19     scanf("%f",&score[i]);
20     k=rank(score[i]);          //实参是数组元素
21     if(k==1)
22       printf("%d 号选手：一等奖！\n",i+1);
23     else if(k==2)
```

```
24       printf("%d 号选手:二等奖! \n",i+1);
25     else if(k==3)
26       printf("%d 号选手:三等奖! \n",i+1);
27     else
28       printf("%d 号选手:未获奖! \n",i+1);
29    }
30   return 0;
31 }
```

【运行结果】

```
please enter 10 scores:
95 78 88 89 92 65 79 84 58 55
1号选手:一等奖!
2号选手:三等奖!
3号选手:三等奖!
4号选手:三等奖!
5号选手:一等奖!
6号选手:三等奖!
7号选手:三等奖!
8号选手:三等奖!
9号选手:未获奖!
10号选手:未获奖!
```

数组名作为函数参数是最为常见的数组模块化程序设计的参数传递方式,在实际问题中,往往是对整个数组进行某些处理或求解,而不是对某个数组元素做出改变。数组名不仅是数组各元素共有的名称,更代表数组的首元素的地址。因此,要想在被调函数中对数组元素做出批量处理,就需要传递整个数组,这时就要传递数组名。

数组名做函数的参数,必须在主调函数和被调函数中分别定义数组,且数据类型必须一致。形参和实参两个数组的数组名可以相同也可以不同,一旦发生数据传递(传递数组名),则两个数组共用一段内存空间,形参数组不另外分配内存。这一点与普通变量的传递完全不同。在普通变量的传递中,实参和形参是在两个不同的内存空间里进行数据传递,而数组名作为实参传递给被调函数中的形参数组,二者实质上是同一段内存空间,形参数组中各内存单元的数组变化会使实参数组相同单元的数据发生同样变化。

因为 C 语言编译系统对形参数组的大小不做检查,所以形参数组可以不指定大小。

【例 7-10】从键盘输入一个字符串,编写用户自定义函数,统计该字符串中小写字母的个数。

【程序代码】

```
1  #include<stdio.h>
2  int count(char string[])        //形参需要定义数组,但可以不指定数组大小
3  {
4    int i,num=0;
5    for(i=0;string[i]!='\0';i++)
6     if(string[i]>='a'&&string[i]<='z')     //对每个字符逐个检查
7      num++;
8    return num;
9  }
10 int main()
11 {
12    int k;
13    char string[50];
```

```
14      gets(string);                //输入字符串
15      k=count(string);             //将数组名 string 作为实参传递给被调函数
16      printf("the number of lower character is %d\n",k);
17      return 0;
18  }
```

【运行结果】

```
i love CHINA!
the number of lower character is 5
```

【例 7-11】期末考试有一名同学缺考，缺考考生成绩教务系统默认为 0，老师在统计平均成绩时，需要将他的成绩从成绩数组 score 中删除，编写用户自定义函数实现这一功能（假定班内共 10 名学生）。

【程序代码】

```
1   #include<stdio.h>
2   #define N 10
3   void Delete(float score[],int n)
4   {
5     int i,k;
6     for(i=0;i<n;i++)
7       if(score[i]==0)              //逐个检查数组元素为 0 的项
8       {
9           for(k=i;k<n;k++)
10              score[k]=score[k+1];  //成绩为 0 的数组元素被覆盖
11          break;
12      }
13  }
14  int main()
15  {
16      int i;
17      float score[N]={87,65,92,79,0,66,78,90,62,89};
18      Delete(score,N);
19      for(i=0;i<N-1;i++)
20          printf("%.0f ",score[i]);
21      return 0;
22  }
```

【运行结果】

```
87 65 92 79 66 78 90 62 89
```

【程序注解】

（1）第 18 行代码将数组名 score 和数组大小 N 作为实参进行数据传递，这是一种对数组进行处理的良好编程习惯，数组大小一般随数组名一起做实参。

（2）由于目前所学的定义的数组均为静态数组，一旦定义，不能动态改变其大小，数组内存空间从程序开始一直到整个程序执行结束才能被释放。因而，本程序中"删除"成绩为 0 的数组元素实际上只是形式上被后面元素向前移动进行覆盖，数组大小也并未减小 1，其空间也并未释放，不是真正意义上的"删除"。输出时，只将覆盖后前 N-1 项数组元素输出。

### 7.3.2 二维数组的模块化程序设计

二维数组的数组名做函数实参,在被调函数中,对形参数组定义时,可以指定每个一维数组的大小,也可以省略对第一维数组行下标的大小说明。

【**例 7-12**】编写函数求解一个 3×4 矩阵中主对角线上元素之和。

【**问题分析**】

主对角线上元素就是行下标等于列下标的元素。

【**程序代码**】

```c
1   #include <stdio.h>
2   int sum(int arr[][4]);
3   int main()
4   {
5     int s;
6     int arr[3][4]={{7,6,5,4},{10,11,12,13},{2,4,6,8}};
7     s=sum(arr);
8     printf("the sum is %d\n",s);
9     return 0;
10  }
11  int sum(int arr[][4])
12  {
13    int i,j,s=0;
14    for(i=0;i<3;i++)
15      for(j=0;j<4;j++)
16        if(i==j)
17          s+=arr[i][j];
18    return s;
19  }
```

【**程序注解**】

形参数组 arr 的行下标省略,但是列下标不能省略,而且要和实参数组的类型、列数一致。在主函数调用 sum()函数时,将二维数组名作为实参传递给被调函数,相当于将 arr 的第一行的起始地址传递给了形参数组 arr,因此实参和形参二维数组的起始地址相同,两个数组占同一存储单元,对形参 arr 所做的操作就是对主调函数中的实参数组 arr 的操作。

# 7.4 变量的作用域、存储类型

## 7.4.1 变量的作用域

变量的作用域指变量的作用范围。在这个范围内(程序段内),变量生效,在退出该程序段范围时,其内存空间被自动释放。如果此时再次引用该变量,会出现语法错误。按照作用域不同,将变量分为局部变量和全局变量。

变量的作用域

### 1. 局部变量

在函数内部定义的变量称为局部变量，其作用域只在定义它的函数内部，并且在定义时为其分配存储空间，当退出该函数时，其空间自动释放，在其他函数中不起作用。例如：

```
main()
{
  int m;        //该变量 m 只在函数 main() 中生效
  …
}
 f1()
{
  int m;        //该变量 m 只在函数 f1() 中生效
  …
}
 f2()
{
  int m;        //该变量 m 只在函数 f2() 中生效
  …
}
```

在上面代码段中，三个函数中定义了一个同名变量，但是它们的存储空间却不同，且各自仅在定义该变量的函数中起作用。

局部变量还可能出现在同一函数的局部复合语句块内，此时的局部变量只在这个语句块中生效。

**【例 7-13】** 思考下面程序的运行结果，并观察同名函数级局部变量和语句块级局部变量各自的生效范围。

**【程序代码】**

```
1   #include<stdio.h>
2   int main()
3   {
4     int i,k=100;
5     printf("局部变量的作用域：\n");
6     printf("函数级局部变量在 for 循环前的值为：%d\n",k);
7     for(i=0;i<2;i++)
8      {
9         int k=5;
10        printf("语句块级变量 k 的值为：%d\n",k);
11     }
12     printf("函数级局部变量在 for 循环后的值为：%d\n",k);
13     return 0;
14   }
```

【运行结果】

```
局部变量的作用域:
函数级局部变量在for循环前的值为: 100
语句块级变量k的值为: 5
语句块级变量k的值为: 5
函数级局部变量在for循环后的值为: 100
```

for 循环体中的局部变量 k 与 main()函数中的局部变量 k 虽然同名，但是二者是不同的存储空间，for 循环中的 k 只在 for 循环中生效，退出 for 循环后，其空间就被释放了，对 main()函数中的 k 毫无影响。

2. 全局变量

全局变量是定义在所有函数之外的变量，其生效范围是从变量的定义开始，到程序文件结束，该变量的值在某一个函数内发生变化，将同步影响其他函数中该变量的值。但需要注意的是，若定义了与全局变量同名的局部变量，二者发生冲突，则函数内以局部变量优先。如果没有给全局变量赋初始值，则系统自动默认为 0。

全局变量

【例 7-14】修改例 7-8 汉诺塔的源程序，要求统计出最初 A 柱子上一共 1 个、2 个、3 个、4 个盘子时各自需要搬动的盘子次数（也就是各自调用递归函数 hanuota()的次数）。

【问题分析】

可以用循环来统计最初不同盘子总数情况下各自的搬动次数。在统计盘子搬动（递归函数调用）次数时，可以用全局变量 count 进行不断累加。

【程序代码】

```
1  #include <stdio.h>
2  int count;  //全局变量 count 用于累计递归次数，不赋初始值则系统自动默认为 0
3  int main()
4  { void hanuota(int n,char a,char b,char c);  //hanuota()函数声明
5    int i,m;
6    for(i=1;i<5;i++)
7    {   count=0;      //每次求盘子移动次数时都将 count 清零
8        hanoi(i,'A','B','C');
9        printf("\n%d 个盘子需要移动%d 次\n\n",i,count);
10   }
11   return 0;
12 }
13 void hanuota(int n,char a,char b,char c)
14 {
15     count++;  //累计递归函数 hanuota()被调用的次数，计入全局变量 count 中
16     if(n==1)
17      printf("%c-->%c\n",a,c);
18     else
19     {   hanoi(n-1,a,c,b);
20         printf("%c-->%c\n",a,c);
21         hanoi(n-1,b,a,c);
22     }
23 }
```

【运行结果】

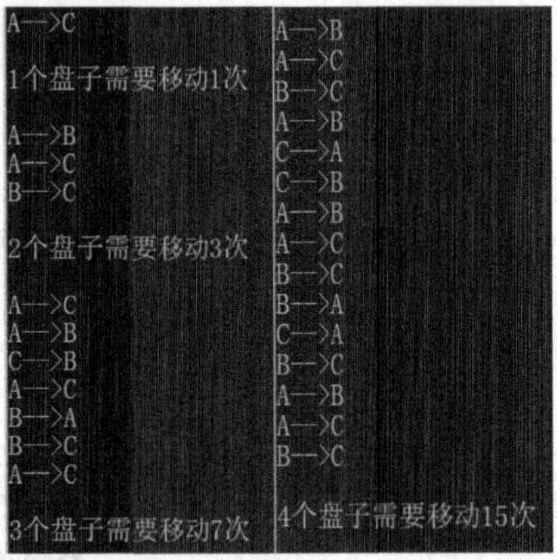

```
A—>C
1个盘子需要移动1次
A—>B
A—>C
B—>C
2个盘子需要移动3次
A—>C
A—>B
C—>B
A—>C
B—>A
B—>C
A—>C
3个盘子需要移动7次
A—>B
A—>C
B—>C
A—>B
C—>A
C—>B
A—>B
A—>C
B—>C
B—>A
C—>A
B—>C
A—>B
A—>C
B—>C
4个盘子需要移动15次
```

【程序注解】

本例中定义了全局变量 count 用于累计盘子总数在 1 个、2 个、3 个、4 个的情况下各自需要移动的总次数，count 变量定义在函数 main()和 hanuota()外，它的生效范围是程序第 2 行至第 23 行代码。count 未赋初始值，系统默认为 0。通过第 15 行的 count++来统计 hanuota()函数递归调用的总次数。

程序第 7 行代码 count=0 的目的是统计完盘子数是 1 的情况再统计盘子数是 2 的情况时，需要将 count 重新置 0（下一次循环当盘子数 i 等于 3 及 4 的情况相同），以便正确统计，否则因为 count 是全局变量，会在上一次循环结束时其值的基础上继续累计，得出不正确的结果。

递归函数的内部调用过程较为复杂，调用次数不好统计，而本例中巧妙使用全局变量 count 自动统计递归调用次数，就能获得这一统计结果；反之，如果采用局部变量进行统计就很麻烦，也不容易理解。

设置全局变量在本例中相当于搭建了 main()和 hanuota()两个函数之间数据联系的通道，但是也不推荐使用全局变量，不必要的时候尽量不要定义全局变量。原因一是局部变量在执行函数时开辟空间，退出所在函数则空间释放；而全局变量在程序运行期间一直占用内存，直到整个源程序执行完毕才释放空间；二是全局变量因其生效范围广，下面任何函数都可以修改其值且“牵一发而动全身”。在一个函数中，因为某种情况将其值修改了，会同步影响到其他函数中它的值，这样就破坏了函数的封装性，造成程序可读性差，给程序的后期维护带来麻烦。

**【例 7-15】**思考下面程序的运行结果，看看全局变量和局部变量的同名冲突，结果会怎样？

【程序代码】

```
#include <stdio.h>
void fun();
int a,b=520;
void fun()
{
   int b;  //局部变量 b 与全局变量 b 同名
```

```
7      a=880;
8      b=120;
9      printf("a=%d,b=%d\n",a,b);
10    }
11   int main()
12   {
13     printf("a=%d,b=%d\n",a,b);
14     fun();
15     printf("a=%d,b=%d\n",a,b);
16     return 0;
17   }
```

【运行结果】

```
a=0, b=520
a=880, b=120
a=880, b=520
```

【程序注解】

（1）第 3 行代码定义了全局变量 a 和 b，并且 b 被赋初始值 520，但是 a 未被赋值，默认为 0。

（2）程序从 main() 函数开始执行，函数内没有定义变量 a 和 b，因而第 13 行代码输出的是全局变量 a 和 b 的值，分别为 0 和 520。

（3）程序第 14 行调用 fun() 函数，在 fun() 函数中定义了一个局部变量 b 与全局变量 b 同名，但是二者不是同一存储空间，在该函数中局部变量 b 优先，因而该函数中输出 b 值为 120，但是 fun() 函数执行结束后，局部变量 b 的空间就立刻释放，不影响主函数中的 b。在该函数中，第 7 行变量 a 虽然重新被赋值，但是并未定义，因而它不是局部变量，仍然是最初定义的全局变量，对其值进行修改，由原来的 0 变为 880，即其内存单元里面的值由 0 变成了 880，main() 函数中调用 fun() 函数结束，再次输出 a 和 b，a 已经变成了 880，b 则是全局变量 b 的初始值 520。

### 7.4.2 变量的存储类型

变量从作用域的角度分为全局变量和局部变量，从另一个角度——变量的存储类型来分，可分为静态存储变量和动态存储变量。静态存储变量在整个程序运行过程中都是存在的，如全局变量；而动态存储变量则在调用其所在函数时为其临时开辟内存单元，函数调用结束则其内存单元立刻释放，如函数的形参、局部变量。对变量的存储类型有 4 种说明：自动变量（auto）、静态变量（static）、寄存器变量（register）和外部变量（extern）。自动变量和寄存器变量属于动态存储方式，外部变量和静态变量属于静态存储方式。

变量的生存期

1. 自动变量

函数中的所有局部变量，如果不专门声明为 static 静态存储变量，则默认都是动态存储变量（即 auto 变量），存储在内存的动态存储区中。前面章节中函数内部定义的局部变量全部都是自动变量，并且定义时省略了 auto 关键字的声明。例如：

```
void fun( )
```

```
{
    auto int b=3;    //此处auto可以省略去掉
}
```

### 2. 静态变量

静态变量是在变量定义时，在其前面加上 static，如"static int a=1;"。a 的存储单元从定义开始一直存在，即使退出其作用域或其所在函数执行完毕，依然保留它的存储单元，并在下一次使用该变量时，变量值是上一次函数调用结束时的值。变量内存单元直至整个程序结束才会被释放。定义时如果不对静态变量赋初始值，则系统会自动赋予 0。

【例 7-16】观察如下静态变量的值的变化。

【程序代码】

```
1   #include <stdio.h>
2   void fun();
3   void fun()
4   {
5     static int count = 0;    //定义静态变量count
6     printf("count = %d\n", count);
7     count++;
8   }
9   int main()
10  {
11    int i;
12    for (i = 0; i < 10; i++)
13    {
14      fun();
15    }
16    return 0;
17  }
```

【运行结果】

```
count = 0
count = 1
count = 2
count = 3
count = 4
count = 5
count = 6
count = 7
count = 8
count = 9
```

虽然 count 变量并未定义在函数外作为全局变量，而是定义在 fun()函数内部，但是由于指明其存储类别为 static，因此属于静态变量。内存单元一直存在，其值也是每一次都在上一次函数调用结束时值的基础上累加。

因此，全局变量一定是静态存储变量，但是静态变量却不一定是全局变量。如例 7-16 中，count 是属于静态局部变量，既然是局部变量，就不能被其他函数引用。

全局变量与静态局部变量

### 3. 寄存器变量

通常变量的值都存在内存中，如果有些变量频繁使用，如 for 循环中用于控制循环次数的变量，为提高程序执行效率，C 语言允许将变量指明为寄存器类型，即把这个变量存放到 CPU 的寄存器中，这样大大提高了对该变量的存取速度。

但是现在计算机的速度变得越来越快，编译系统能够识别所有使用频繁的变量，并将其自动存放到寄存器中，无须程序设计者专门在将其定义时指明为 register 类型。因而本书不详细介绍这种变量的存储类别，读者只做了解即可。

### 4. 外部变量

外部变量是定义在函数外部的变量，也就是前面学过的全局变量，定义及使用方法见 7.4.1 节，其作用域从变量定义的位置开始一直到本程序末尾。在此作用域内，各个函数均可引用该变量。

但是如果需要将该全局变量的作用范围扩展到外部程序文件，则需要将该变量特别指明为外部变量。格式："extern 数据类型 变量名;"，关键字 extern 只用于说明外部变量，而不是定义外部变量，外部变量仅能定义一次、分配一次存储空间。

## 7.5　综合实例——学生成绩管理系统 V2.0

请将 6.4 节的学生成绩管理系统"升级"成 2.0 版。功能不变，但是要求按模块化程序设计思想将各个主要功能都写成独立的用户自定义函数，并为各个操作添加菜单选项。

（1）输入 10 个学生对应的学号和程序设计语言期末成绩（假定学号正序：180, 181, 182, …且设定不同的学生有些存在同样的成绩），将学号和成绩存在两个数组中，假设数组下标和学号顺序是相互对应的。

（2）将所有学号和成绩信息输出。

（3）查找第 4 个学生，将他的学号和成绩直接输出。

（4）请将班里程序设计语言成绩按照百分制转五等级的方式进行转换，并统计各分数段人数，90 分及以上为 A，70～89 为 B，60～69 为 C，60 分以下为 D。转换之后将学生信息按照如下格式输出：

176　85　　B
178　50　　D
180　90　　A
……
90 分及以上人数：2 人
70～89 分人数：3 人

（5）统计所有 90 分及以上和 60 分以下的学生人数，将各自人数输出，并输出对应的学号和成绩。

（6）分别求出成绩最高和最低的学生，将他的学号和成绩输出，若成绩相同则都要输出。

（7）求出这门课的全班平均成绩并输出。

（8）有两个学生转专业进入计科班，学号和成绩分别为：176 85 分，178 45 分，将二人学号和成绩信息插入对应的数组（需将数组手动扩容），保证两个数组仍按照学号正序排列。

（9）在上面数组的基础上，班级里学号为 184 的学生要当兵入伍，因此要将此人从班级信息库删除，请删除完将其余学生信息输出，保证数组连续。

（10）请按成绩从高到低排序，然后将排序之后的学生学号和成绩都输出。

【参考程序】

```c
#include<stdio.h>
#define M 10
#define N 12
void Input(int number[],int score[]);
void Display(int number[],int score[]);
void Search(int number[],int score[]);
void Perfect(int number[],int score[]);
void Notpass(int number[],int score[]);
void Inverse(int number[],int score[]);
void Maxminaverscore(int number[],int score[]);
void Insert(int number[],int score[]);
void Delete(int number[],int score[]);
void Sort(int number[],int score[]);

void Input(int number[],int score[])              //学生信息输入
{
    int i;
    printf("请输入%d个学生的学号以及程序设计语言成绩：\n",M);
    for(i=0;i<M;i++)
    scanf("%d%d",&number[i],&score[i]);
}
void Display(int number[],int score[])            //学生信息输出
{
    int i;
    printf("\n%d个学生的学号和成绩分别是：\n",M);
    for(i=0;i<M;i++)
    printf("number:%d  score:%d\n",number[i],score[i]);
}
void Search(int number[],int score[])             //第四个人信息输出
{
    printf("\n第四个学生的学号和成绩是：%d,%d\n",number[3],score[3]);

}
void Perfect(int number[],int score[])            //90分及以上的人输出
{
    int i,m=0;
    printf("90分以上的人：\n");
    for(i=0;i<M;i++)
```

```
    {
        if(score[i]>90)
        {printf("%d,%d\n",number[i],score[i]);
          m++;}
    }
    printf("\n90 分及以上的学生共%d 人\n",m);
}
void Notpass(int number[],int score[])        //60 分以下的人输出
{
    int i,n=0;
    printf("60 分以下的人：\n");
    for(i=0;i<M;i++)
        if(score[i]<60)
        {printf("%d,%d\n",number[i],score[i]);
          n++;}
    printf("60 分以下的学生共%d 人\n",n);
}
void Inverse(int number[],int score[])        //成绩百分制转为五等级输出
{
    int i;
    int g;
    char grade[N];
    for(i=0;i<M;i++)
     {if(score[i]==100)
      grade[i]='A';
      g=score[i]/10;
      switch(g)
      {case 0:case 1:case 2:case 3:case 4:
       case 5:grade[i]='D';break;
       case 6:grade[i]='C';break;
       case 7:case 8:grade[i]='B';break;
       case 9:grade[i]='A';break;
       }
     }
    printf("\n 成绩百分制转为五等级：\n");
    for(i=0;i<M;i++)
    printf("number:%d,score=%d,grade=%c\n",number[i],score[i], grade[i]);
}
//求最高分和最低分，平均分，并把对应的学生信息输出
void Maxminaverscore(int number[],int score[])
{
    int max,min,aver,sum=0;
    int i,t,k;
    max=score[0];
    min=score[0];
    t=0;   //避免第一个人成绩最高无法输出
    k=0;   //避免第一个人成绩最低无法输出
    for(i=0;i<M;i++)
    {   sum+=score[i];
```

```
            if(score[i]>max)  {max=score[i];t=i;}
            if(score[i]<min)  {min=score[i];k=i;}
        }
    aver=sum/M;
    for(i=0;i<M;i++)
    {
        if(score[i]==max)        //检查多个人成绩相同，且都是最高分
        printf("\n 成绩最高：%d,%d\n",number[i],score[i]);

    }
    for(i=0;i<10;i++)
    {
    if(score[i]==min)            //检查多个人成绩相同，且都是最低分
        printf("\n 成绩最低：%d,%d\n",number[i],score[i]);}

    printf("\n 全班平均成绩：%d\n",aver);
}
void Insert(int number[],int score[])  //转入两个学生之后将信息输出（数组
需手动扩容）
{
    int i;
    for(i=M-1;i>=0;i--)
    {number[i+2]=number[i];
    score[i+2]=score[i];}
    number[0]=176;
    number[1]=178;
    score[0]=85;
    score[1]=45;
    printf("\n 转入两个学生后的全部学生信息：\n");
    for(i=0;i<N;i++)
    printf("number:%d,score:%d\n",number[i],score[i]);
}
void Delete(int number[],int score[])    //删除学号是 184 的学生
{
    int i,j;
  for(i=0;i<N;i++)
  if(number[i]==184)
    {for(j=i+1;j<N;j++)
     {number[j-1]=number[j];
      score[j-1]=score[j];}}
    printf("删除学号 184 的学生之后：\n");
    for(i=0;i<N-1;i++)
    printf("number:%d,score:%d\n",number[i],score[i]);
}
void Sort(int number[],int score[])//成绩从高到低排序，将排序后的学生信息输出
{
    int i,j;
    int temp1,temp2;
    printf("\n 成绩从高到底排序：\n");
```

```
        for(i=0;i<M;i++)
        for(j=0;j<M-i;j++)
        if(score[j]<score[j+1])
        {
            temp1=score[j];score[j]=score[j+1];score[j+1]=temp1;
            temp2=number[j];number[j]=number[j+1];number[j+1]=temp2;
        }
        for(i=0;i<N-1;i++)
        printf("number:%d,score:%d\n",number[i],score[i]);
}
int main()
{
    int number[N];
    int score[N];
    Input(number,score);
    Display(number,score);
    Search(number,score);
    Perfect(number,score);
    Notpass(number,score);
    Inverse(number,score);
    Maxminaverscore(number,score);
    Insert(number,score);
    Delete(number,score);
    Sort(number,score);
    return 0;
}
```

## 本 章 小 结

　　本章介绍了用户自定义函数的定义、调用、声明及返回值。用户自定义函数用来实现模块化程序设计；函数定义时要注意函数返回值的类型和形参定义，函数调用时如果发生参数传递，从实参到形参要注意参数类型、数量、顺序保持一致。有些函数需要在调用结束带回返回值，返回值需要用 return 带回，且仅能带回一个值，返回值类型要与函数类型保持一致。

　　本章还引入了一种重要的算法策略——递归。递归能解决特定的一类问题，设计递归函数的重要因素有两点：递归公式和递归出口条件的设计。

　　用函数解决数组中的问题也是本章重点。数组元素做函数参数进行数据传递与变量一样，数组名做函数参数相当于传递数组的首地址，形参要用同样类型的数组接收，但是二者共用一段内存空间，即系统不会为形参数组另外分配存储空间。

　　按作用域划分，变量分为全局变量和局部变量。全局变量是定义在函数外部的变量，从定义位置到程序结束都有效；局部变量是定义在函数内部或者复合语句内部的变量，只在定义的局部范围有效。对变量的存储类型说明有 4 种：自动变量（auto）、静态变量（static）、寄存器变量（register）和外部变量（extern）。自动变量和寄存器变量属于动态存储方式，外部变量和静态变量属于静态存储方式。函数为后续章节打下重要基础，广大读者一定要勤学多练，夯实基础。

# 习　题

## 一、基础巩固

1. 以下程序的运行结果是_____。

```c
include <stdio.h>
long fun(int n)
{
    long s;
    if(n==1||n==2)
        s=2;
    else
        s=n+fun(n-1);
    return s;
}
int main()
{
    printf("%ld\n",fun(4));
    return 0;
}
```

2. 以下程序的运行结果是_____。

```c
#include <stdio.h>
void f1()
{
    int x=3;
    printf("%d ", x);
}
void f2(int x )
{
    printf("%d ", ++x);
}
int main()
{
    int x=1;
    f1();
    f2(x);
    printf("%d\n", x);
    return 0;
}
```

3. 分析以下程序，指明哪些是局部变量，哪些是全局变量，程序运行结果是什么？

```c
#include<stdio.h>
int A=100,B=10;
void sum()
{
    int C;
```

```
        C=A+B;
        printf("%d\n",C);
    }
    int main()
    {
        int A=1,C;
        C=A+B;
        printf("%d\n",C);
        sum();
        return 0;
    }
```

4. 编写一个函数，求 $x$ 的 $y$ 次方，在主函数中输入 $x$、$y$ 的值，输出结果。

5. 编写函数判断当前值是否为素数，并输出 $2\sim n$ 的所有素数。

6. 编写递归函数求解 $f(n)=1^3+2^3+3^3+\cdots+n^3$。

## 二、能力提升

将第 6 章课后习题中员工工资管理系统"升级"成 2.0 版，将各功能都编写成用户自定义函数并添加菜单选项，功能如下：

（1）输入并输出员工的工号和基本工资。

（2）查找某个员工的工资并输出。

（3）查找某两个工资金额范围内的所有员工并输出对应信息。

（4）求所有员工的平均工资。

（5）求员工中的最高工资及最低工资。

（6）假如新入职两名员工，请将他们的工号和工资插入已有数组。

（7）假如有一名员工离职，请将其信息删除并保证数组的连续性。

（8）请按照工资从低到高排序输出对应员工的工号及工资信息。

# 第8章 指针访问数据

> ➤ 变量、内存单元和地址之间的关系。
> ➤ 指针的定义及其应用。
> ➤ 指针变量的定义、初始化与引用。
> ➤ 数组元素的指针变量定义、初始化以及访问数组元素的方式。
> ➤ 指向函数的指针变量定义。
> ➤ 使用指针变量进行动态内存管理

指针是 C 语言中广泛使用的一种数据类型。运用指针编程是 C 语言最主要的风格之一。利用指针变量可以表示各种数据结构；能方便地使用数组和字符串；并能像汇编语言一样处理内存地址，从而编写出精练且高效的程序。指针极大地丰富了 C 语言的功能。学习指针是学习 C 语言重要的一环，能否正确理解和使用指针是我们是否掌握 C 语言的一个标志。同时，指针是 C 语言中最为困难的一部分，在学习中除了要正确理解基本概念，还必须要多编程，上机调试。

## 8.1 指针的内涵

在计算机中，所有的数据都是存放在存储器中的。一般把存储器中的 1 字节称为 1 个内存单元，不同的数据类型所占用的内存单元数不等，如整型数据占 2 个内存单元，字符型数据占 1 个内存单元等。为了正确地访问这些内存单元，必须为每个内存单元编号。根据一个内存单元的编号即可准确地找到该内存单元。内存单元的编号也叫地址，通常也把这个地址称为指针。内存单元的指针和内存单元的内容是两个不同的概念。对于 1 个内存单元来说，单元的地址即指针，其中存放的数据才是该单元的内容。在 C 语言中，允许用 1 个变量来存放指针，这种变量被称为指针变量。因此，1 个指针变量的值就是某个内存单元的地址或称为某内存单元的指针，如图 8-1 所示。

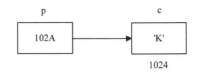

图 8-1　变量名、变量值和变量的地址

在图 8-1 中，设有字符变量 c，其内容即变量值为"K"（ASCII 码为十进制数 75），变量 c 占用了 102A 号内存单元（地址用十六进数表示，即变量的地址为 102A）。设有指针变量 p，其变量值为 102A，即变量 p 中存放了变量 c 的地址。这种情况我们称为 p 指向变量 c，或者 p 是指向变量 c 的指针。

严格地说，一个指针是一个地址，是一个常量。一个指针变量可以被赋予不同的指针值，是变量。但常把指针变量简称为指针。为了避免混淆，我们约定："指针"指地址，是常量；"指针变量"指取值为地址的变量。定义指针的目的是通过指针去访问内存单元。

在 C 语言中，一种数据类型或数据结构往往都占有一组连续的内存单元。如图 8-2 所示，假设有定义"int x=20,y=15;"，即定义了两个 int 类型的变量 x 和 y。若 int 类型占 4 字节，则系统给变量 x 分配了编号为 1000、1001、1002、1003 共 4 字节的内存单元来存放它的值。其中，内存编号 1000 是变量 x 的首地址，通常把这个编号称为变量 x 的指针。同理，变量 y 占用了 1004 到 1007 号内存单元，变量 y 的首地址 1004 被称为 y 的指针。因此，用"地址"这个概念并不能很好地描述一种数据类型或数据结构，而"指针"虽然实际上也是一个地址，但它却是一个数据类型或数据结构的首地址。

在图 8-2 中，若指针变量 p 的值是 1000，即 p 中存放了变量 x 的指针，则称 p 是指向 x 的指针。为了表示指针变量和它所指向的变量之间的关系，在程序中用"*"符号表示"指向"。例如，p 代表指针变量，而*p 是 p 所指向的变量，也就是变量 x，所以*p 和 x 是等价的。若需访问变量 x，则可通过以下两种方式进行访问。

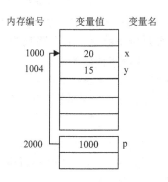

图 8-2　变量的指针和指针变量

（1）直接访问，即通过变量名来访问。

（2）间接访问，即通过变量的指针来访问。

因此，若要给 x 重新赋值，则下面两个语句的作用相同：

```
x = 3;          //直接访问变量方式
*p = 3;         //间接访问变量方式
```

第二个语句的含义是将 3 赋给指针变量 p 所指向的变量。

既然指针变量的值是一个地址，那么这个地址不仅可以是变量的地址，也可以是其他数据结构的地址，如数组的地址、构造类型（结构体、共用体等）的地址。另外，程序在计算机中也是要存储的，每个函数都是一段程序，也都有对应的地址。这些数据类型或数据结构的地址也可以保存在指针变量中。那么，在一个指针变量中存放一个数组或一个函数的首地址有何意义呢？因为数组或函数都是连续存放的。通过访问指针变量取得了数组或函数的首地址，也就找到了该数组或函数。这样一来，凡是出现数组、函数的地方都可以用一个指针变量来表示，只要该指针变量被赋予数组或函数的首地址即可。这样做，将会使程序的概念十分清楚，程序本身也精练、高效。它是"指向"一个数据结构的，因而概念更为清楚，表示更为明确。这也是引入"指针"概念的一个重要原因。

## 8.2　指针访问基类型数据

在 C 语言中，允许用一个变量来存放其他已定义的变量的地址，这种存放其他变量指针的变量被称为指针变量。通过指针变量可以间接访问它所指向的变量。当需要在被调函数中访问主调函数中的变量时，使用指针变量非常方便。这是指针变量非常重要的作用之一。下面先通过一个例子来看看指针变量的这一用途。

### 8.2.1　使用指针变量的例子

【例 8-1】要求编写自定义函数实现功能：给出该年的第几天，计算其对应的日期。要求在主函数中输入年份和该年的第几天，并将计算出的对应日期在主函数中输出。

【问题分析】

（1）定义一个二维数组，分别存放平年和闰年每个月份的总天数。

（2）从输入的 yearday（代表该年的第几天）中依次减去每个月份的总天数，直到某月份不够减，则不够减的月份即要求的月份，而 yearday 中剩余的天数即要求的日期。

【程序代码】

```
1   #include<stdio.h>
2   //自定义函数：给出该年的第几天，计算其对应的日期
3   void month_day ( int  year, int  yearday, int * pmonth, int * pday)
4   {
5    int k, leap=0;
6    int tab [2][13] = { {0, 31, 28, 31, 30, 31, 30, 31, 31, 30, 31, 30, 31 },
7                        {0, 31, 29, 31, 30, 31, 30, 31, 31, 30, 31, 30, 31 },
8    };
9   /* 建立闰年判别条件 leap */
10   leap = (year%4 == 0 && year%100 != 0) || year%400 == 0;
11   for ( k = 1; yearday > tab[leap][k]; k++)
12      yearday -= tab [leap][k];
13   *pmonth = k;
14   *pday = yearday;
15  }
16  int main ( )
17  {
18   int day, month, year, yearday;
19   printf("please enter year and yearday: \n");
20   scanf ("%d%d", &year, &yearday );
21   month_day (year, yearday, &month, &day );
22   printf ("the %d th day of %d is ", yearday, year );
23   printf ("%d-%d-%d \n", year, month, day );
24   return 0;
25}
```

【运行结果】

将该程序运行 2 次，输入及结果如下：

```
please enter year and yearday:
2021 134
the 134 th day of 2021 is 2021-5-14
请按任意键继续...
please enter year and yearday:
2020 134
the 134 th day of 2020 is 2020-5-13
请按任意键继续...
```

【程序注解】

（1）程序代码中的第 3 行自定义函数 month_day()的函数首部中有 4 个形参变量，其中 year 和 yearday 是 int 类型的普通变量，而变量名 pmonth 与 pday 和类型名 int 之间有个"*"，这代表 pmonth 和 pday 不是普通变量，而是指针变量，用于存放其他变量的指针。

（2）当第 21 行调用 month_day()函数时，对应 pmonth 传递的是&month，对应 pday 传递的是&day，意思是将 month 变量的指针传递给 pmonth，而将 day 变量的指针传递给 pday，即 pmonth 指向了 month，可以用 pmonth 间接访问 month。同样，可以用 pday 间接访问 day。

（3）在程序第 13 行中，*pmonth 代表用 pmonth 变量间接访问它指向的变量，即 month。所以此句相当于用 k 的值给 month 赋值。但注意此处不能直接写成"month = k;"，因为 month 是主函数中的局部变量，在子函数中不能直接访问。但通过指针变量 pmonth 可以间接访问 month。程序第 14 行与第 13 行是类似的作用。这一作用的效果相当于把多个计算结果带回了主调函数，从而解决了不能用返回值带回多个结果数据的问题。

## 8.2.2 指针变量的定义

通过例 8-1 了解了使用指针变量的好处之一，那么应该如何定义和使用指针变量呢？

指针变量同普通变量一样，使用之前要定义说明。定义指针变量的一般形式如下：

```
类型说明符　*变量名;
```

其中，*表示这是一个指针变量，变量名即定义的指针变量名，类型说明符表示该指针变量所指向的变量的数据类型。

例如，"int　*p1;"表示 p1 是一个指针变量，它的值是某个整型变量的地址。或者说 p1 指向一个整型变量。至于 p1 究竟指向哪一个整型变量，应由 p1 赋予的地址来决定。

再如：

```
int *p2;         /*p2 是指向整型变量的指针变量*/
float *p3;       /*p3 是指向浮点型变量的指针变量*/
char *p4;        /*p4 是指向字符型变量的指针变量*/
```

应该注意的是，指针变量的值是其他变量的地址，也就是内存单元的编号，而所有的内存编号都是 unsigned int 类型的，即所有指针变量存储的都是 unsigned int 类型的地址数据。要用指针变量间接访问其指向的变量，则必须指明其指向的内存单元的大小，因此，定义指针变量时的类型是指针变量要指向的变量的类型。另外，一个指针变量只能指向同类型的变量，如 p3 只能指向浮点数变量，不能时而指向一个浮点数变量，时而又指向一个字符变量。

### 8.2.3 指针变量的初始化和引用

指针变量同普通变量一样，使用之前不仅要定义说明，而且必须被赋予具体的值。未经赋值的指针变量不能使用，否则将造成系统混乱，甚至死机。指针变量的赋值只能赋予地址，决不能赋予任何其他数据，否则将引起错误。在C语言中，变量的地址是由编译系统分配的，对用户完全透明，用户不知道变量的具体地址。那么，如何取变量的地址呢？又如何通过指针变量间接访问其指向的变量呢？C语言提供了两个与此有关的运算符。

（1）&: 取地址运算符，单目运算符，用于变量前，作用为获取变量的地址。

其一般形式如下：

```
&变量名;
```

如&a表示变量a的地址，&b表示变量b的地址。变量本身必须预先说明。

（2）*：指针运算符（或称"间接访问"运算符），单目运算符，用于指针变量前，作用为间接访问指针变量所指向的变量。

其一般形式如下：

```
*指针变量名;
```

设有指向整型变量的指针变量p，如要把整型变量a的地址赋予p，可以有以下两种方式。

（1）指针变量初始化的方法。

```
int a;
int *p=&a;
```

（2）赋值语句的方法。

```
int a;
int *p;
p=&a;
```

此时指针变量p指向整型变量a，以后我们便可以通过指针变量p间接访问变量a，如：

```
*p=5;
```

等价于

```
a=5;
```

指针变量可出现在表达式中，设有定义：

```
int a, b, *pa=&a;
```

指针变量pa指向变量a，则*pa可出现在a能出现的任何地方。例如：

```
b=*pa+5;      //表示把a的值加5后赋给b
b=++*pa;      //表示把a的值加1后赋给b，++*pa相当于++(*pa)
b=*pa++;      //相当于b=*pa; pa++
b=(*pa)++;    //相当于b=*pa; a++
```

不允许把一个整数赋予指针变量，故下面的赋值是错误的：

```
int *p;
p=1000;
```

给指针变量赋值时，前面不能再加"*"说明符，如写为"*p=&a;"，也是错误的。

需要注意的是，指针运算符*和指针变量说明中的指针说明符*不是一回事。在指针变量说明中，"*"是类型说明符，表示其后的变量是指针类型。表达式中出现的"*"则是一个运算符，用以表示指针变量所指向的变量。

另外，指针变量和一般变量一样，存放在它们之中的值是可以改变的。也就是说，可以改变它们的指向。

【例 8-2】输入 a 和 b 两个整数，按先大后小的顺序输出 a 和 b。

【程序代码】

```
1   #include<stdio.h>
2   int  main()
3   {
4       int *p1,*p2,*p,a,b;
5       printf("please enter a,b:");
6       scanf("%d%d",&a,&b);
7       p1=&a; p2=&b;
8       if(a<b)
9         {p=p1;p1=p2;p2=p;}
10      printf("\na=%d,b=%d\n",a,b);
11      printf("max=%d,min=%d\n",*p1, *p2);
12      return 0;
13  }
```

【运行结果】

```
please enter a,b: 5 8

a=5,b=8
max=8,min=5
请按任意键继续. . .
```

【程序注解】

（1）第 7 行的赋值语句使得 p1 指向了 a，p2 指向了 b。

（2）同类型的指针变量可以相互赋值。第 9 行的 3 条赋值语句的作用是交换 p1 和 p2 的值，即经过交换使得 p1 指向了 b，p2 指向了 a；注意，变量 a、b 的值并未交换。

（3）第 11 行的输出语句中*p1 可能是 a 的值，也可能是 b 的值。若输入时，a 的值大于 b 的值，第 9 行未被执行，则 p1 是指向 a 的，*p1 就是 a 的值；若输入时，a 的值小于 b 的值，第 9 行被执行，则 p1 指向了 b，*p1 就是 b 的值。即第 11 行输出时，p1 总是指向 a、b 中较大的那一个，p2 总是指向两者中较小的那一个。

通过这个例子可以看到，用指针变量访问它所指向的一个变量是以间接访问的形式进行的。这种方式不如直接访问方式直观，因为通过指针变量要访问哪一个变量，取决于指针变量的当前值（即指向）。虽然不直观，但由于指针变量是变量，我们可以通过改变它们的指向，以间接访问不同的变量，这给程序员带来灵活性，也使代码编写得更为简洁和有效。

## 8.2.4　指针变量做函数参数

函数的参数不仅可以是整型、实型、字符型的数据，还可以是指针类型的。它的作用是将一个变量的地址由主调函数传送到被调函数，从而达到在被调函数中间接访问主调函数中的变量的目的。尤其是当被调函数中有多个计算结果需要传递到主调函数时，使用指针可以很方便地达到这一目的。

【例 8-3】同例 8-2，即输入的两个整数按先大后小的顺序输出，用函数处理。

【程序代码】

```
1  #include<stdio.h>
2  void swap1 (int x, int y)
3  { int t;
4     t = x; x = y; y = t;
5  }
6  int main()
7  {
8     int a, b;
9     printf("please enter a,b:");
10    scanf("%d%d",&a,&b);
11    if(a<b) swap1 (a, b);
12    printf("max=%d,min=%d\n", a, b);
13    return 0;
14 }
```

【思考】调用 swap1()函数，可否交换 main()函数中变量 a 和 b 的值？

【运行结果】

```
please enter a,b: 5 8
max=5,min=8
请按任意键继续. . .
```

【程序注解】

（1）swap1()是用户自定义的函数，它的作用是交换两个变量（x 和 y）的值。第 11 行执行 if 语句时，若 a<b，则调用 swap1()函数时，首先将实参 a 的值传给形参 x，将 b 的值传给形参 y，这种传递是单向值传递。

（2）第 4 行交换了变量 x 和 y 的值。因为形参变量和实参变量占用的是不同的内存单元，因此形参 x、y 的值的改变不会影响实参 a、b 的值，主函数中 a、b 的值未被交换。所以若主函数中输入的 a 的值小于 b 的值，则不能按先大后小的顺序输出。

那么如何实现用自定义函数交换主函数中 a、b 的值这一目的呢？对例 8-3 进行修改。

【例 8-4】同例 8-2，即输入的两个整数按大小顺序输出。

【程序代码】

```
1  #include<stdio.h>
2  void swap2 (int *px, int *py)
3  { int t;
4     t = *px; *px = *py; *py = t;
5  }
6  int main()
7  {
8     int a , b ;
9     printf("please enter a,b:");
10    scanf("%d%d",&a,&b);
```

```
11      if(a<b) swap2 (&a,& b);
12      printf("max=%d,min=%d\n", a, b);
13      return 0;
14    }
```

【思考】调用 swap2()函数，可否交换 main()函数中变量 a 和 b 的值？

【运行结果】

```
please enter a,b:5 8
max=8,min=5
请按任意键继续. . .
```

【程序注解】

（1）swap2()是用户自定义的函数，它的作用是交换 px 和 py 所指向的变量的值。第 11 行执行 if 语句时，若 a<b，则调用 swap2()函数时，首先将实参 a 的地址传给形参 px，将 b 的地址传给形参 py，则 px 是指向 a 的，py 是指向 b 的。

（2）第 4 行赋值语句的作用是通过间接访问方式交换 px 和 py 所指向的变量的值。因为 px 是指向 a 的，py 是指向 b 的，因此这 3 条赋值语句实际上交换了主函数中变量 a 和 b 的值。所以若主函数中输入的 a 的值小于 b 的值，经过调用 swap2()函数交换了 a 和 b 的值，第 12 行就能按先大后小的顺序输出 a 和 b 的值。

注意：不要企图通过改变指针形参的值而使指针实参的值改变。

【例 8-5】同例 8-2，即输入的两个整数按大小顺序输出，用函数处理。

【程序代码】

```
1  #include<stdio.h>
2  void swap3 (int *px, int *py)
3  {   int *pt;
4      pt = px; px = py; py = pt;
5  }
6  int main()
7  {
8      int a , b, *pa=&a,*pb=&b;
9      printf("please enter a,b:");
10     scanf("%d%d",&a,&b);
11     if(a<b) swap3 (pa,pb);
12     printf(""max=%d,min=%d\n", *pa, *pb);
13     return 0;
14   }
```

【运行结果】

```
please enter a,b:10 15
max=10,min=15
请按任意键继续. . .
```

【程序注解】

（1）swap3()是用户自定义的函数，它的作用是交换 px 和 py 的值。第 11 行执行 if 语句时，若 a<b，调用 swap3()函数时，首先将实参 pa 的值（即变量 a 的地址）传给形参 px，将实参 pb 的值（即变量 b 的地址）传给形参 py，则 px 是指向 a 的，py 是指向 b 的。

（2）第 4 行赋值语句的作用是交换 px 和 py 的值，即交换 px 和 py 的指向。经过交换, px 变成指向 b, py 则指向 a。因为形参变量和实参变量占用的是不同的内存单元, 因此形参 px、py 的值的改变不会影响实参 pa、pb 的值, 主函数中 a、b 的值未被交换, pa、pb 的值也未被交换。所以若主函数中输入的 a 的值小于 b 的值, 则不能按先大后小的顺序输出。

因此, 要通过函数调用来改变主调函数中某个变量的值, 通常需按如下步骤来实现。

(1) 在主调函数中, 将该变量的地址或者指向该变量的指针作为实参。

(2) 在被调函数中, 用指针类型形参接受该变量的地址。

(3) 在被调函数中, 改变形参所指向变量的值。

【例 8-6】编写一个子函数, 统计出 n (n<100) 个整数中的最大值、最小值、平均值。要求在主函数中输入输出 n 个整数的值, 并在主函数中输出最大值、最小值和平均值。

指针的应用

【问题分析】

(1) 在子函数中遍历数组, 将数组元素依次与最大值 max、最小值 min 进行比较, 从而找出真正的 max、min; 同时将数组元素累加, 遍历结束后即可用累加值除以元素个数得到平均值。

(2) 在子函数的形参部分定义指针变量, 并在子函数内通过间接访问方式修改指针变量指向的变量, 从而达到数据回传的目的。

【程序代码】

```
1  #include <stdio.h>
2  #define N 100
3  void count_array(int a[],int n, int *pmax,int *pmin,int *pavg);
4  int main( )
5  {  int n,i;
6     int a[N];
7     int max,min,avg;
8     printf("请输入整数的个数: \n");
9     scanf("%d",&n);
10    for(i=0;i<n;i++)
11    {
12       scanf("%d",&a[i]);
13       printf("%5d",a[i]);
14    }
15    count_array(a, n ,&max, &min, &avg);
16    printf("\n\nmax=%d,min=%d,avg=%d\n\n",max,min,avg);
17    return 0;
18  }
19  //自定义函数, 统计出 n 个整数中的最大值、最小值和平均值
20  void count_array(int a[],int n, int *pmax,int *pmin,int *pavg)
21  {  int i;
22     int max,min,avg;
23     max = min = avg = a[0];
24     for(i=1;i<n;i++)
25     {
26        if(a[i]>max) max = a[i];
```

```
27          if(a[i]<min) min = a[i];
28          avg += a[i];
29       }
30       avg /= n;
31       *pmax = max;
32       *pmin = min;
33       *pavg = avg;
34   }
```

**【程序注解】**

count_array()是用户自定义的函数，在这个函数中统计了形参数组 a 中 n 个整数的最大值、最小值和平均值，分别放在了局部变量 max、min 和 avg 中。程序中第 15 行调用 count_array()函数时，形参 pmax、pmin 和 pavg 分别接收了主函数中变量 max、min 和 avg 的地址，因此当程序执行到第 31、32、33 行时，实际上就是用 count_array()函数中的变量 max、min 和 avg 分别给主函数中的变量 max、min 和 avg 赋值。这样做的目的相当于将一个自定义函数中多个计算结果的数据回传到主调函数中。

# 8.3　指针访问数组

一个变量有一个地址，一个数组包含若干元素，每个数组元素都在内存中占用存储单元，它们都有相应的地址。一个数组由连续的一块内存单元组成。数组名就是这块连续内存单元的首地址。一个数组也是由各个数组元素（下标变量）组成的。每个数组元素按其类型不同占有几个连续的内存单元。一个数组元素的首地址也指它所占用的那几个连续内存单元的首地址。如图 8-3 所示，假设有以下定义：

```
int  a[10]={11,32,53}; /*定义 a 为包含 10 个整型数据的数组*/
```

假设每个 int 类型的变量在系统中都占用 4 字节的内存单元，若系统给数组 a 分配的内存单元的起始地址为 1000，则内存编号 1000、1004、1008、…等分别为数组元素 a[0]、a[1]、a[2]、…的首地址。其中，内存编号 1000 既是数组的首地址，也是数组元素 a[0]的首地址。

| 内存地址 | 内存单元值 | 数组元素 |
|---|---|---|
| 1000 | 11 | a[0] |
| 1004 | 32 | a[1] |
| 1008 | 53 | a[2] |
| ⋮ | | ⋮ |
| 1000+4i | 74 | a[i] |
| ⋮ | | ⋮ |
| 1036 | 16 | a[9] |

### 8.3.1　数组的指针和数组元素的指针

数组的指针指数组的起始地址，数组元素的指针是数组元素的首地址。数组的指针和数组元素的指针同样可以

图 8-3　数组与数组元素的指针

存储在一个指针变量中。指向数组或数组元素的指针变量的说明一般形式如下：

```
类型说明符 *指针变量名;
```

其中，类型说明符表示所指数组的类型。从一般形式可以看出，指向数组的指针变量和指向普通变量的指针变量的说明是相同的。

例如：

```
int a[10];    /*定义 a 为包含 10 个整型数据的数组*/
int *p;       /*定义 p 为指向整型变量的指针*/
```

应当注意，因为数组为 int 型，所以指针变量也应为指向 int 型的指针变量。下面对

指针变量赋值：

```
p=&a[0];
```

把a[0]元素的地址赋给指针变量p。也就是说，p指向a数组的第0号元素。

C语言规定，数组名代表数组的首地址，也就是第0号元素的地址。因此，下面两个语句等价：

```
p=&a[0];
p=a;
```

在定义指针变量时，可以为其赋初值：

```
int *p=&a[0];
```

等价于

```
int *p;
p=&a[0];
```

当然定义时，也可以写成：

```
int *p=a;
```

从上面代码可以看出有以下关系：

p、a、&a[0]均指向同一单元，它们是数组a的首地址，也是0号元素a[0]的首地址。应该说明的是，p是指针变量，而a、&a[0]都是地址常量。在编程时应予以注意。

因为p是指针变量，所以也可以给它赋数组中其他数组元素的指针，通过这个指针变量就可以间接访问它所指向的数组元素。如：

```
p=&a[2];           //此时，p指向了数组元素a[2]
printf("%d\n",*p); //此处*p等价于a[2]，因此将输出a[2]的值
```

### 8.3.2 指向数组元素的指针的运算

与指向单个普通变量的指针变量不同，当指针变量指向数组或数组元素时，它除了可以参与赋值运算，也可以参与部分算术运算及关系运算。例如，在指针指向数组元素时，允许以下运算。

- 加一个整数（用+或+=），如p+1、p+5。
- 减一个整数（用-或-=），如p-1、p-5。
- 自增运算，如p++，++p。
- 自减运算，如p--，--p。
- 关系运算，如p<a+n，p>q。

各种运算的含义及注意事项说明如下：

（1）指针变量加或减一个整数n的意义是把指针指向的当前位置（指向某数组元素）向前或向后移动n个元素的位置。应该注意，数组指针变量向前或向后移动一个元素的位置和地址加1或减1在概念上是不同的。因为数组可以有不同的类型，各种类型的数组元素所占的字节长度是不同的。如指针变量加1，即向后移动1个元素位置，表示指针变量指向下一个数据元素的首地址，而不是在原地址基础上加1。例如：

```
int a[10],*pa;
pa=a;     /*pa指向数组a，也是指向a[0]*/
pa=pa+2;  /*pa指向a[2]，即pa的值为&pa[2]*/
```

指针变量的加减运算只能对数组指针变量进行，对指向其他类型变量的指针变量作

加减运算是毫无意义的。

（2）两个指针变量之间的运算：只有指向同一数组的两个指针变量之间才能进行运算，否则运算毫无意义。

- 两个指针变量相减：两个指针变量相减所得之差是两个指针所指数组元素之间相差的元素个数。实际上是两个指针值（地址）相减之差再除以该数组元素的长度（字节数）。例如，pf1 和 pf2 是指向同一浮点数组的两个指针变量，设 pf1 的值为 2010H，pf2 的值为 2000H，而浮点数组每个元素占 4 字节，所以 pf1−pf2 的结果为(2010H-2000H)/4=4，表示 pf1 和 pf2 之间相差 4 个元素。
- 两个指针变量不能进行加法运算。例如，pf1+pf2 是什么意思呢？毫无实际意义。
- 两个指针变量进行关系运算：指向同一数组的两个指针变量进行关系运算可表示它们所指数组元素之间的关系。例如：

  pf1==pf2 表示 pf1 和 pf2 指向同一数组元素；pf1>pf2 表示 pf1 处于高地址位置；pf1<pf2 表示 pf1 处于低地址位置。
- 指针变量还可以与符号常量 NULL（指针类型的 0）比较。设 p 为指针变量，则 p== NULL 表明 p 是空指针，它不指向任何变量；p!= NULL 表示 p 不是空指针。其中，空指针是由对指针变量赋 0 值得到的，其定义如下：

```
#define NULL 0
```

在定义指针变量时，若确定让该指针变量指向哪个变量，通常会采用如下语句对指针进行初始化：

```
int *p=NULL;
```

对指针变量赋 0 值和不赋值是不同的。指针变量未赋值时，可以是任意值，是不能使用的，否则将造成错误。指针变量赋 0 值后，则可以使用，只是它不指向具体的变量而已。

### 8.3.3 使用指针引用数组元素

通过上面的介绍可知，如果指针变量 p 已指向数组中的一个元素，则 p+1 指向同一数组中的下一个元素。因此，引入指针变量后，就可以用两种方法来访问数组元素了。

如果有语句"int a[10],*p=a;"，即 p 的初值为&a[0]，则指针变量与数组元素间的指向关系如图 8-4 所示。

从图 8-4 中可知：

（1）p+i 和 a+i 就是 a[i]的地址，或者说它们指向 a 数组的第 i 个元素。

（2）*(p+i)或*(a+i)就是 p+i 或 a+i 所指向的数组元素，即 a[i]。例如，*(p+5)或*(a+5)就是 a[5]。

（3）指向数组的指针变量也可以带下标，如 p[i]与*(p+i)等价。

根据以上叙述，引用一个数组元素可以用以下方法。

（1）下标法，即用 a[i]形式访问数组元素。在前面介

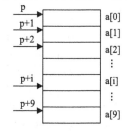

图 8-4 指针变量与数组的关系

绍数组时采用的是这种方法。

（2）指针法，即采用*(a+i)或*(p+i)形式，用间接访问的方法来访问数组元素，其中 a 是数组名，p 是指向数组的指针变量，其初值 p=a。

**【例8-7】** 有一个整型数组 a，有 10 个元素，要求输出数组中的全部元素。

使用指针访问
数组元素

**【问题分析】** 引用数组中各元素的值有以下 3 种方法。

（1）下标法。

**【程序代码】**

```
1  #include<stdio.h>
2  int main()
3  {
4      int  a[10];  int  i;
5      printf("enter 10 integer numbers:\n");
6      for(i=0;i<10;i++) scanf("%d",&a[i]);
7      for(i=0;i<10;i++)  printf("%d  ",a[i]);
8      printf("%\n");
9      return 0;
10 }
```

（2）通过数组名计算数组元素地址，找出元素的值。

**【程序代码】**

```
1  #include<stdio.h>
2  int main()
3  {
4      int  a[10];  int  i;
5      printf("enter 10 integer numbers:\n");
6      for(i=0;i<10;i++) scanf("%d",&a[i]);
7      //通过数组名计算数组元素地址，找出元素的值
8      for(i=0;i<10;i++) printf("%d  ",*(a+i));
9      printf("%\n");
10     return 0;
11 }
```

（3）用指针变量指向数组元素。

**【程序代码】**

```
1  #include<stdio.h>
2  int main()
3  {
4      int  a[10], *p;  int  i;
5      printf("enter 10 integer numbers:\n");
6      for(i=0;i<10;i++) scanf("%d",&a[i]);
7      //用指针变量指向数组元素
8     for(p=a;p<(a+10);p++) printf("%d  ",*p);
9      printf("%\n");
10     return 0;
11 }
```

【运行结果】

```
enter 10 integer numbers:
1 2 3 4 5 6 7 8 9 10
1  2  3  4  5  6  7  8  9  10
请按任意键继续. . .
```

3 种方法的比较如下。

(1)第 1 种和第 2 种方法的执行效率相同。C 编译系统是将 a[i]转换为*(a+i)处理的，即先计算元素地址。因此用第 1 种和第 2 种方法找数组元素费时较多。

(2)第 3 种方法比第 1 种和第 2 种方法快。用指针变量直接指向元素，不必每次都重新计算地址，像 p++这样的自加操作是比较快的，这种有规律地改变地址值（p++）能大大提高执行效率。

(3)用下标法比较直观，能直接知道是第几个元素。

需要注意的几个问题如下。

(1)指针变量可以实现本身的值的改变。如 p++是合法的，而 a++是错误的。因为 a 是数组名，它是数组的首地址，是指针类型的常量。

```
for(p=a;p<(a+10);a++)      printf("%d ",*a);  //错!
for(p=a;p<(a+10);p++)      scanf("%d",p);      //正确!
```

(2)要注意指针变量的当前值。请看下面的程序。

【例 8-8】要求同例 8-7，请找出下列程序代码中的错误。

【程序代码】

```
1  #include<stdio.h>
2  int main()
3  {
4     int a[10], *p;  int  i;
5     p=a;
6     printf("enter 10 integer numbers:\n");
7     for(i=0;i<10;i++) scanf("%d",p++);
8     for(i=0;i<10;i++,p++) printf("%d ",*p);
9     printf("%\n");
10    return 0;
11 }
```

【运行结果】

```
enter 10 integer numbers:
1 2 3 4 5 6 7 8 9 10
2686792  4199426  4199324  2130567168  2686840  4198987  1  5705728  5707632  -1

请按任意键继续. . .
```

【程序注解】

程序执行到第 7 行退出循环时，p 已经指向 a[9]后面的存储单元。程序执行到第 8 行的循环时，将出现访问数组元素越界的问题，系统不会报错，将输出垃圾值。解决方法是在第 8 行之前给指针变量 p 重新赋值："p=a;"，使其重新指向 a[0]。

### 8.3.4 数组名做函数参数

数组名可以做函数的实参和形参。例如：

```
int main()
{ int array[10];
   …
   fun(array,10);
   …
}

void fun(int arr[],int n)
{
   …
}
```

array 为实参数组名，arr 为形参数组名。在学习指针变量之后就更容易理解这个问题了。数组名就是数组的首地址，实参向形参传送数组名实际上就是传送数组的地址，形参得到该地址后也指向同一数组。因形参只能是变量，可知形参 arr 实际上就是指针变量。用指向数组的指针变量访问数组元素时，可以采用下标法和指针法两种方式。因此在自定义

指向数组的指针做函数

函数中，可以将 arr 看作数组名（这就好像同一件物品有两个不同的名称一样），从而采用下标法访问数组元素。

【例 8-9】编写一个自定义函数，用随机函数给具有 n 个元素的整型数组赋值。编写另一个自定义函数，输出所有数组元素的值。

【程序代码】

```
1  #include <stdio.h>
2  #define N 50
3  //下面两行为函数声明
4  void input_array(int a[],int n);      //功能为用随机函数给数组元素赋值
5  void output_array(int *a,int n);      //功能为输出数组元素的值
6  int main()
7  {   int n; int a[N] ;
8      printf("please input n:");
9      scanf("%d",&n);
10     input_array(a,n);
11     output_array(a,n);
12     return 0;
13  }
14  void input_array(int  a[ ],int n)//形参 a 可以是数组的形式
15  {   int i;
16      srand(time(NULL));
17      for(i=0;i<n;i++)
18      a[i] = rand()%1000;              //用随机函数给数组元素赋值
19  }
20  //输出数组元素的值
21  void output_array(int *a,int n)   //形参 a 也可以是指针变量的形式
```

```
22  {   int i;
23      printf("array element:\n");
24      for(i=0;i<n;i++)
25          printf("%5d  ",a[i]);//也可以写作"printf("%5d  ",*(a+i));"
26       printf("\n");
27  }
```

一个函数可以返回一个整型值、字符型值、实型值等，也可以返回指针型的数据，即地址。其概念与以前类似，只是返回值的类型是指针类型而已。定义返回指针型值的函数的一般形式如下：

类型名 *函数名(参数列表);

【例8-10】请在例8-9的基础上编写一个自定义函数，求出数组中的最大值，要求在主函数中输出该最大值。

【程序代码】

```
1   #include <stdio.h>
2   #define N 50
3   //以下几行为函数声明
4   void input_array(int *a,int n);     //功能为用随机函数给数组元素赋值
5   void output_array(int *a,int n);    //功能为输出数组元素的值
6   int *search_max(int *a,int n);      //此处为声明，函数类型为指针类型
7   //此处为函数定义，功能为查找数组元素中的最大值，返回其地址（指针）
8   int *search_max(int *a,int n)
9   {
10      int *p=NULL;
11      int *pmax = a;
12      for(p=a;p<a+n;p++)
13      {   if(*p>*pmax) pmax = p;  }
14        return pmax;
15      }
16   int main()
17   {
18      int n;int a[N] ;
19      printf("please input n:");
20      scanf("%d",&n);
21      input_array(a,n);
22      output_array(a,n);
23      pmax = search_max1(a,n);
24      printf("max = %d\n",*pmax);
25      return 0;
26   }
27   //函数input_array、output_array的定义参见例8-8，此处省略
```

**注意**：子函数被调用完后，其函数内定义的局部变量占用的空间将被释放，所以不可以返回子函数内局部变量的地址，也不可以返回子函数中定义的auto类型的局部变量的指针。

```
int *search_max1(int *a,int n)
{   int *p=NULL;
    int  max = a[0]; //max是局部变量
    for(p=a;p<a+n;p++)
```

```
        if(*p>max) max = *p;
    return (&max);//不可以返回 max 的指针
}
```

### 8.3.5  指向多维数组的指针和指针变量

本节以二维数组为例，介绍多维数组的指针变量。

**1. 多维数组的地址**

设有整型二维数组 a[3][4]如下：

$$
\begin{array}{cccc}
0 & 1 & 2 & 3 \\
4 & 5 & 6 & 7 \\
8 & 9 & 10 & 11
\end{array}
$$

它的定义为：int a[3][4]={{0,1,2,3},{4,5,6,7},{8,9,10,11}}。

设数组 a 的首地址为 1000，每个元素占 4 字节，各下标变量的首地址及其值如图 8-5 所示。

前面介绍过，C 语言允许把一个二维数组分解为多个一维数组来处理。因此数组 a 可分解为三个一维数组，即 a[0]、a[1]、a[2]。每个一维数组又含有 4 个元素。例如，a[0] 数组，含有 a[0][0]、a[0][1]、a[0][2]、a[0][3]共 4 个元素。

从二维数组的角度来看，a 是二维数组名，代表整个二维数组的首地址，也是二维数组 0 行的首地址，等于 1000。a+1 代表第一行的首地址，等于 1016。二维数组与指针变量的关系如图 8-6 所示。

| 地址值 | 1000 0 | 1004 1 | 1008 2 | 1012 3 |
|---|---|---|---|---|
| 地址值 | 1016 4 | 1020 5 | 1024 6 | 1028 7 |
| 地址值 | 1032 8 | 1036 9 | 1040 10 | 1044 11 |

图 8-5  二维数组元素的首地址和值

| a[0] | = | 1000 0 | 1004 1 | 1008 2 | 1012 3 |
|---|---|---|---|---|---|
| a[1] | = | 1016 4 | 1020 5 | 1024 6 | 1028 7 |
| a[2] | = | 1032 8 | 1036 9 | 1040 10 | 1044 11 |

图 8-6  二维数组与指针变量的关系

a[0]是第一个一维数组的数组名和首地址，因此也为 1000。*(a+0)或*a 是与 a[0] 等效的，它表示一维数组 a[0]中 0 号元素的首地址，也为 1000。&a[0][0]是二维数组 a 的 0 行 0 列元素首地址，同样是 1000。因此，a、a[0]、*(a+0)、*a、&a[0][0]是相等的。

同理，a+1 是二维数组 1 行的首地址，等于 1016。a[1]是第二个一维数组的数组名和首地址，因此也为 1016。&a[1][0]是二维数组 a 的 1 行 0 列元素地址，也是 1016。因此 a+1、a[1]、*(a+1)、&a[1][0]是等同的。

由此可得出：a+i、a[i]、*(a+i)、&a[i][0]是等同的。

此外，&a[i]和 a[i]也是等同的。因为在二维数组中不能把&a[i]理解为元素 a[i]的地址，不存在元素 a[i]。C 语言规定，它是一种地址计算方法，表示数组 a 第 i 行的首地址。

由此得出 a[i]、&a[i]、*(a+i)和 a+i 也都是等同的。

另外，a[0]可以被看成 a[0]+0，是一维数组 a[0]的 0 号元素的首地址，而 a[0]+1 则是 a[0]的 1 号元素的首地址，由此可得出 a[i]+j 是一维数组 a[i]的 j 号元素的首地址，等于&a[i][j]。

由 a[i]=*(a+i)，得 a[i]+j=*(a+i)+j。由于*(a+i)+j 是二维数组 a 的 i 行 j 列元素的首地址，因此该元素的值等于*(*(a+i)+j)。

2. 指向多维数组的指针变量

把二维数组 a 分解为一维数组 a[0]、a[1]、a[2]之后，设 p 为指向二维数组的指针变量。可定义为

```
int (*p)[4];
```

它表示 p 是一个指针变量，它指向包含 4 个元素的一维数组。若指向第一个一维数组 a[0]，其值等于 a,a[0]或&a[0][0]等。p+i 则指向一维数组 a[i]。从前面的分析可得出，*(p+i)+j 是二维数组 i 行 j 列的元素的地址，而*(*(p+i)+j)则是 i 行 j 列元素的值。

二维数组指针变量（也称为行指针）说明的一般形式如下：

```
类型说明符 (*指针变量名)[长度];
```

其中，"类型说明符"为所指数组的数据类型。"*"表示其后的变量是指针类型。"长度"表示二维数组分解为多个一维数组时，一维数组的长度，也就是二维数组的列数。应注意"(*指针变量名)"两边的括号不可少，如缺少括号，则表示是指针数组（本章后面介绍），意义就完全不同了。

### 8.3.6 字符指针

在 C 语言中，指针变量指向的变量不仅可以是整型变量、实型变量，也可以是字符型变量。对指向字符变量的指针变量应赋予该字符变量的地址。例如：

```
char c,*p=&c; //表示 p 是一个指向字符变量 c 的指针变量
```

同样，指针变量不仅可以指向整型数组、实型数组，也可以指向字符型数组。字符型数组通常用于存储字符串，因此指针变量也可以指向字符串变量。字符串指针变量的定义说明与指向字符变量的指针变量说明是相同的，只能根据对指针变量的赋值不同来区别。

【例 8-11】使用指针变量输出字符串的值。

【程序代码】

```
1  #include <stdio.h>
2  int main()
3  {
4    char string[]="I love China!";
5    //定义并给指针变量 ps 赋数组名 string，即字符型数组的首地址
6    char *ps = string;
7    puts(ps); //指向字符数组的指针变量做函数参数
8    return 0;
9  }
```

【运行结果】

```
I love China!
请按任意键继续. . .
```

给字符串指针变量赋初值,还可以采用如下方式:

```
char *ps="C Language";
```

或

```
char *ps;
ps="C Language";
```

这两种方式是等价的。这里应说明的是,并不是把整个字符串装入指针变量,而是由编译系统先把被赋值的字符串装入一块连续的内存单元(可看作字符数组),再把存放该字符串的字符数组的首地址赋给指针变量。

【思考】下列程序段的运行结果是什么?

```
#include <stdio.h>
int main( )
{   char *ps="this is a book";
    int n=10;
    ps=ps+n;
    printf("%s\n",ps);
}
```

用字符数组和字符指针变量都可实现字符串的存储和运算,但是两者是有区别的。在使用时应注意以下问题。

(1)字符串指针变量本身是一个变量,用于存放字符串的首地址。字符串本身被存放在以该首地址为首的一块连续的内存空间中,并以'\0'作为字符串的结束。字符型数组是由若干数组元素组成的,可用来存放整个字符串。

(2)注意赋值方式的区别。

```
char *ps="C Language";
```

可以写为

```
char *ps;
ps="C Language";
```

而对数组方式:

```
char st[]="C Language";
```

不能写为

```
char st[20];
st="C Language";//数组名 st 是指针常量,不能对一个指针常量赋另一个指针常量值
```

从以上几点可以看出,字符串指针变量与字符型数组在使用时的区别,也可以看出使用指针变量更方便。

一个字符串指针变量可以指向一个字符串,若有多个字符串被同时处理,则可由多个字符串指针变量来指向,这多个指针变量可以定义为一个指针数组。也就是说,指针数组中的每个元素都是一个指针变量,每个元素都可以存放一个变量的地址。定义一维指针数组的一般形式如下:

```
类型名 *指针数组名[数组长度];
```

例如:

```
int  *ip[4];     //有 4 个元素的指针数组，每一个元素都可以指向一个整型变量
double  *fp[5]; //有 5 个元素的指针数组，每一个元素都可以指向一个双精度的实型变量
char  *cp[10];  //有 10 个元素的指针数组，每一个元素都可以指向一个字符型变量或
指向一个字符串
```

【例 8-12】将若干字符串按字母顺序（由小到大）输出。

【问题分析】

定义一个指针数组，用各字符串对它的元素进行初始化，然后用选择法排序，但不是移动字符串，而是改变指针数组的各元素的指向。

【程序代码】

```
1  #include <stdio.h>
2  #include <string.h>
3  int main()
4  {
5     void sort(char *name[ ],int n);
6     void print(char *name[ ],int n);
7     char *name[ ]={"Follow","Great","FORTRAN","Computer"};
8     int n=4;
9     sort(name,n);
10    print(name,n);
11    return 0;
12 }
13 void sort(char *name[ ],int n)
14 {
15    char *temp;  int i,j,k;
16    for (i=0;i<n-1;i++)
17    { k=i;
18       for (j=i+1;j<n;j++)
19          if(strcmp(name[k],name[j])>0) k=j;
20       if (k!=i)
21       { temp=name[i]; name[i]=name[k];name[k]=temp;}
22    }
23 }
24 void print(char *name[ ],int n)  //输出所有的字符串
25 {
26    int i;
27    for(i=0;i<n;i++)  puts(name[i]);
28 }
```

【运行结果】

【程序注解】

（1）第 7 行定义并初始化了一个指针数组 name，从初始化的字符串的个数可知缺省的数组长度为 4；该数组的 4 个元素 name[0]、name[1] 、name[2] 、name[3]都是指针变量，name[0]存储了字符串"Follow"的首地址，name[1]存储了字符串"Great"的首地

址，name[2]存储了字符串"FORTRAN"的首地址，name[3]存储了字符串"Computer"的首地址，即每个数组元素分别指向了一个字符串，如图8-7所示。

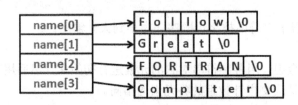

图 8-7　排序前指针数组与字符串的关系

（2）第21行的3条赋值语句实现了指针变量的值的交换。由于指针变量的值是地址值，因此指针变量值的改变实际上是改变了它的指向。图8-8所示为排序算法结束后 name 数组中每个元素的指向关系。需要注意的是，4个字符串本身的存储并没有变化。

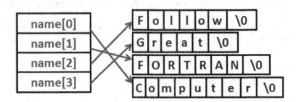

图 8-8　排序后指针数组与字符串的关系

（3）从此例中可以看出，使用指针数组指向若干字符串，使字符串处理更加方便灵活。另外，由于各字符串长度一般是不相等的，因此这种方式比用二维字符数组要节省内存单元。所以，字符指针数组比二维字符数组更适合对字符串的处理。

## 8.4　指针访问函数

在冯·诺依曼体系中，程序也是需要存储的。在 C 语言中，每个函数都是一段程序，每一个函数都占用一段连续的内存区，而函数名就是该函数所占内存区的首地址。我们可以把函数的首地址（或称入口地址）赋给一个指针变量，使该指针变量指向该函数。然后通过指针变量就可以找到并调用这个函数。我们把这种指向函数的指针变量称为"函数指针变量"。

因此，要调用某个函数，就有两种方式：通过函数名调用和通过函数指针变量调用。举例说明如下。

【例 8-13】输入两个整数，计算并输出其中的较大值。要求用自定义函数计算较大值。

（1）通过函数名调用函数。

【程序代码】

```
1  #include <stdio.h>
2  int max(int x,int y)
3  {    return(x>y?x:y);  }
```

```
4  int main()
5  {
6     int max(int,int);
7     int a,b,c;
8     printf("please enter a and b:");
9     scanf("%d%d",&a,&b);
10    c=max(a,b);
11    printf("%d,%d,max=%d\n",a,b,c);
12    return 0;
13 }
```

（2）通过指针变量访问它所指向的函数。

【程序代码】

```
1  #include <stdio.h>
2  int max(int x,int y)
3  {    return(x>y?x:y);  }
4  int main()
5  {
6     int a,b,c;
7     int (*p)(int,int);          //定义函数指针变量
8
9     p=max;                      //给函数指针变量赋值
10    printf("please enter a and b:");
11    scanf("%d,%d",&a,&b);
12    c=(*p)(a,b);                //通过函数指针变量调用函数
13    printf("%d,%d,max=%d\n",a,b,c);
14    return 0;
15 }
```

### 8.4.1 函数指针变量的定义

函数指针变量定义的一般形式如下：

类型说明符 (*指针变量名)(函数参数列表);

其中，"类型说明符"表示被指函数的返回值的类型。"(* 指针变量名)"表示"*"后面的变量是定义的指针变量。最后的一对小括号表示指针变量所指的是一个函数。

例如：

int (*pf)();

表示 pf 是一个指向函数入口的指针变量，该函数的返回值（函数值）是整型。

### 8.4.2 函数指针变量的引用

在使用函数指针变量前，要先对它赋值。赋值时，将一个函数名赋值给函数指针变量，用于赋值的函数名必须是已定义或说明的，且该函数返回值的类型要和被赋值的函数指针变量的类型一致。

### 8.4.3 函数指针变量做函数参数

指向函数的指针变量的一个重要用途是把函数的地址作为参数传递到其他函数。指向函数的指针可以作为函数参数，把函数的入口地址传递给形参，这样就能在被调函数中使用实参函数了。

【例 8-14】编写一个函数 calc(double (*f)(double) ,double a, double b)，用梯形公式求函数 $f(x)$ 在区间 $[a,b]$ 上的数值积分。

$$\int_b^a f(x)\,\mathrm{d}x = \frac{b-a}{2} \times (f(a) + f(b))$$

然后调用该函数计算下列数值积分（函数指针作为函数参数）。

① $\int_0^1 x^2\,\mathrm{d}x$ ;

② $\int_1^2 \frac{\sin x}{x}\,\mathrm{d}x$ 。

【解题思路】

（1）编写积分通用函数 calc()，其中形参包括函数指针 f、积分区间上下限参数 $a$ 和 $b$。

（2）编写 2 个子函数，分别计算 $x^2$ 和 $\sin x/x$。

（3）调用函数 calc()，实参分别为被积函数的名称（或函数指针）和积分区间的上下限。传递的被积函数名不同，则计算的积分公式也不同。

【程序代码】

```
 1  #include <stdio.h>
 2  #include <math.h>
 3  double f1 ( double x )
 4  {    return (x*x);  }
 5  double f2 ( double x )
 6  {    return (sin(x)/x); }
 7  double calc ( double (*f)(double), double a, double b )  //积分通用函数
 8  {
 9     double z;
10     z = (b-a)/2 * ( (*f)(a) + (*f)(b) );    //调用 f 指向的函数
11     return ( z );
12  }
13  int main ( void )
14  {
15     double result;
16     double (*funp)(double);         //定义函数指针变量
17     result = calc(f1, 0.0, 1.0); //函数名 f1 作为函数 calc()的实参
18     printf("1: resule=%.4f\n", result);
19     funp = f2;
20     result = calc(funp, 1.0, 2.0);//函数指针 funp 作为函数 calc()的实参
21     printf("2: resule=%.4f\n", result);
22     return 0;
23  }
```

【运行结果】

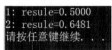

【程序注解】

（1）程序代码中第 17 行调用函数 calc() 时，将函数名 f1 传递给形参函数指针 f，此时相当于将函数 f1() 作为被积函数求积分。

（2）第 20 行再次调用函数 calc() 时，将 funp 的值即函数名 f2 传递给形参函数指针 f，此时相当于将函数 f2() 作为被积函数求积分。

# 8.5  动态内存管理

第 6 章曾介绍过数组的长度是预先定义好的，在整个程序中固定不变。C 语言中不允许定义动态数组。

例如：

```
int n;
scanf("%d",&n);
int a[n];
```

用变量表示长度，想对数组的大小做动态说明，这是错误的。但是在实际的编程中，往往会发生这种情况，即所需的内存空间取决于实际输入的数据，而无法预先确定。对于这种问题，用数组的办法很难解决。为了解决上述问题，C 语言提供了一些内存管理函数，这些内存管理函数可以按需动态地分配内存空间，也可把不再使用的空间回收待用，为有效利用内存资源提供了手段。

## 8.5.1  内存的动态分配

内存存储区通常分为以下两种。
- 静态存储区：用于存储全局变量、静态局部变量（static）等。
- 动态存储区：又分为栈区和堆区。

auto 类型的局部变量分配在内存的动态存储区，这个存储区是一个被称为栈的区域。这些局部变量的存储空间由系统自动分配，其所在的函数调用完被占用的空间，就会被系统自动回收。这种内存空间的分配方式也称为静态分配方式。

C 语言还允许建立内存动态分配区域，以存放一些临时用的数据，这些数据占用的空间可在程序执行过程中按需随时开辟，而不需要时则随时释放。这些数据被临时存放在一个特别的自由存储区，称为堆区。这种内存空间的分配方式也称为动态分配方式。内存的动态分配、释放，则需要使用动态内存分配函数和释放函数来实现。

## 8.5.2  动态内存函数的使用

对内存的动态管理（分配）是通过系统提供的库函数来实现的，主要有：
- malloc："void *malloc(unsigned int size);"。

- calloc："void *calloc(unsigned n,unsigned size);"。
- free："void free(void *p);"。
- realloc："void *realloc(void *p,unsigned int size);"。

以上 4 个函数的声明都在 stdlib.h 头文件中，在用到这些函数时应当用"#include <stdlib.h>"指令把 stdlib.h 头文件包含在程序文件中。下面分别介绍这些函数的使用方法。

**1. 分配内存空间函数 malloc()**

其函数原型如下：

```
void *malloc(unsigned int size);
```

其作用是在内存的动态存储区中分配一个长度为 size 的连续空间。该函数的返回值是基类型为 void 的指针变量，该指针变量不指向任何类型的数据，只提供一个内存地址。如果此函数未能成功被执行（如内存空间不足），则返回空指针（NULL）；如果分配成功，则返回这段连续空间的首地址。

**注意**：void *也称为"通用指针"，这种类型的指针变量可以赋给任何其他类型的指针变量，但要进行强制类型转换。例如：

```
char *pc;
pc=(char *)malloc(100);
```

表示分配 100 字节的内存空间，并强制转换为字符数组类型，函数的返回值为指向该字符数组的指针，把该指针赋予指针变量 pc。

又如：

```
int *p = ( int * ) malloc( sizeof(int) );   //动态分配一个整型变量的空间，
其首地址存放在指针变量 p 中
        int *a = (int *)malloc(n * sizeof(int));   //动态分配一个有 n 个元素的整
型数组的空间，其首地址存放在指针变量 a 中
```

**2. 分配内存空间函数 calloc()**

其函数原型如下：

```
void *calloc(unsigned n, unsigned  size);
```

其作用是在内存的动态存储区中分配 n 个长度为 size 的连续空间，这个空间一般比较大，足以保存一个数组。与 malloc()函数的不同是，分配的空间会先清零。

该函数的返回值同样是通用指针"void *"，如果此函数未能成功被执行（如内存空间不足），则返回空指针（NULL）；如果分配成功，则返回这段连续空间的首地址。

例如：

```
int *a = (int *)malloc( sizeof(int)*100 );
int *b = (int *)calloc( 100 , sizeof(int) );
```

又如：

```
ps=(struct stu*)calloc(2,sizeof(struct stu));
```

其中的 sizeof(struct stu)是求 stu 的结构长度。因此该语句的意思是：按 stu 的长度分配两块连续区域，强制转换为 stu 类型，并把首地址赋予指针变量 ps。这里的 stu 是结构体类型名，该内容将在第 9 章介绍。

### 3. realloc()函数

其函数原型如下：

```
void *realloc(void *p,unsigned int size);
```

如果已经通过 malloc()函数或 calloc()函数获得动态空间，想改变其大小，则可以用
recalloc()函数重新分配。

例如：

```
int *a = (int *)malloc( sizeof(int)*100 );
int *q = (int *)realloc( a, sizeof(int)*200);
```

### 4. 释放内存空间函数 free()

其函数原型如下：

```
void free(void *p);
```

其作用是释放指针变量 p 所指向的动态空间，使这部分空间能重新被其他变量使用。
p 应是调用 calloc()或 malloc()函数时得到的函数返回值。

free()函数无返回值。例如，"free(p);"、"free(a);"、"free(b);"。

## 8.5.3 void 类型的指针

ANSI C 标准增加了一种"void*"指针类型，即可定义一个指针变量，但不指定它
指向哪一种类型数据。ANSI C 标准规定用动态存储分配函数时返回 void 指针，它可以
用来指向一个抽象类型的数据，在将它的值赋给另一指针变量时，要进行强制类型转换，
使之适合被赋值的变量的类型。例如：

```
char   *p1;
void   *p2;
…
p1 = (char *) p2;
```

同样可以用(void *)p1 将 p1 的值转换成 void *类型。例如：

```
p2 = (void *) p1;
```

也可以将一个函数定义为 void *类型，如：

```
void *fun( char ch1, char ch2){…}
```

表示函数 fun()返回的是一个地址，它指向"空类型"，如需要引用此地址，则要根
据情况对它进行类型转换。如对该函数调用得到的地址进行以下转换：

```
p1=(char *)  fun(ch1,ch2);
```

## 本 章 小 结

指针变量是用于存储变量的地址的一类变量，通过指针变量可以间接访问其指向的
变量，可以给指针变量赋其他变量的地址或基类型相同的其他指针变量的值。可以用运
算符"&"取其他变量的地址；当指针变量前加"*"运算符时，作用为访问该指针变量
指向的变量。指针变量可以指向基类型变量，也可以指向数组元素。数组名是指针常量，

代表数组的首地址,可以将数组名赋给一个指针变量。当指针变量指向数组时,可以进行自增、自减及加、减一个整数等算术操作,其作用相当于移动指针。指针变量通常做函数参数,用于传递变量的地址,从而达到在被调函数中可以间接访问主调函数中的变量的目的。当需要将被调函数中计算得到的多个数据回传到主调函数中时,通常用指针变量做参数。

# 习　题

## 一、基础巩固

1. 读下列程序,写出程序运行的结果_____。

```c
#include <stdio.h>
int main()
{   char s[]="ABCD";
    char *p;
    for(p=s;p<s+4;p++)
        printf("%c%s\n",*p,p);
    return 0;
}
```

2. 读下列程序,写出程序运行的结果_____。

```c
#include <stdio.h>
int sum (int *array, int n)
{   int i, s = 0;
    for(i=0; i<n; i++)
        s += array[i];
    return(s);
}
int main()
{   int i;
    int b[5] = {1, 3, 5, 7, 9};
    printf("%d\n", sum(b, 3));
    printf("%d\n", sum(b+2, 3));
    return 0;
}
```

## 二、能力提升

1. 排序算法:用函数实现对 n 个整数的降序排列。

2. 编写一个书名排序程序,输入 10 个书名存入一个二维数组,用函数 void sortstring( char *name[ ] , int n)实现它们的字典顺序。

3. 约瑟夫游戏:30 个乘客同乘一条船,因超载,风高浪大,船长说只有全船一半的乘客跳入海中,其他人才能幸免于难,经过商议后,决定 30 个人围成一个圈,由第一个人起,数到第 9 个人,跳入海中,然后从下一个人继续数起,数到 9 的人继续跳海,如此循环，直到剩下 15 人为止。

要求用 C 语言编写程序，模拟以上游戏，要求用户输入船上初始乘客数、余下幸免人数、报数的步长值。模拟跳海乘客的位置，并输出。输出形式：中文提示每一次跳海人的位置。

4. 输出月份英文名：输入月份，输出对应的英文名称。要求用指针数组表示 12 个月的英文名称。例如，输入 5，输出 May。试编写相应程序。

5. 学生成绩统计：先输入某班级学生总人数，后输入该班每个学生的成绩，要求计算并输出该班学生的平均成绩、最高成绩和最低成绩。要求使用动态内存分配来实现。

6. 编写一个函数 calc( double (*f)(double), double a, double b)，用梯形公式求函数 $f(x)$ 在区间$[a,b]$上的数值积分。

$$\int_b^a f(x)\mathrm{d}x = \frac{b-a}{2}\times(f(a)+f(b))$$

然后调用该函数计算下列数值积分（函数指针作为函数参数）：

① $\int_0^1 (x^2-1)\mathrm{d}x$；

② $\int_1^2 \frac{1}{x}\mathrm{d}x$。

# 第 9 章　复杂数据操作

**知识要点**

➢　结构体的基本概念。
➢　结构体的定义、初始化及其成员的引用方法。
➢　结构体数组的定义及初始化
➢　在函数中使用结构体的方法。
➢　共用体和枚举类型的定义。

在实际生活中，一个事物往往具有多个属性；而在解决许多实际问题时，问题中所描述的数据对象往往包含多个事物，因而更为复杂，仅仅使用某种语言提供的基本数据类型来表示这些数据对象是不够的。比如，学生成绩管理系统中会有多个学生，一个学生的成绩应由学号、姓名、各科成绩（成绩有可能是百分制或五分制的）等来描述；一个公司中会有多名员工，而每名员工都有员工号、姓名、所在部门、联系电话等多个数据信息。每个数据信息都可以用基本数据类型来表示，但却无法反映它们的内在联系；要反映这种内在联系，需要将这些信息看作一个整体、一种类型。任何一种语言不可能为每个实际应用中涉及的数据对象都提供其对应的基本数据类型。所以，根本的解决方法是允许用户自定义数据类型。

在 C 语言中，用户自定义类型也被称为构造数据类型或复合数据类型。通常它是由基本数据类型或已有数据类型派生来的，它允许用户根据实际需要利用已有的数据类型来构造自己需要的类型，用于表示较复杂的数据对象。所以自定义类型实际上为用户提供了一种组织数据的能力。

根据组织数据时的不同方式，C 语言中的用户自定义类型通常包括数组类型、结构体类型、共用体类型、枚举类型等。数组类型在前面的章节中已经介绍过，本章重点介绍结构体类型、共用体类型和枚举类型等。

## 9.1　用户自定义类型

前面我们学过的数组类型可以存储一组类型相同的数据，而如果要处理的数据是一组有内在联系的不同类型的数据，则需要用结构体类型，如表 9-1 所示。

表 9-1　学生信息表

| 学号 | 姓名 | 性别 | 民族 | 出生日期 | 宿舍 | 籍贯 | 联系方式 |
|---|---|---|---|---|---|---|---|
| 20162238 | 李清源 | 男 | 土家族 | 1996.10.3 | 422 | 湖南 | 136****0553 |

续表

| 学号 | 姓名 | 性别 | 民族 | 出生日期 | 宿舍 | 籍贯 | 联系方式 |
|------|------|------|------|----------|------|------|----------|
| 20162240 | 冯艳 | 女 | 汉族 | 1997.10.29 | 312 | 河北 | 157****9026 |
| 20162243 | 王欢 | 女 | 汉族 | 1997.5.16 | 530 | 山西 | 182****7056 |
| 20162245 | 侯冰 | 男 | 蒙古族 | 1997.2.1 | 612 | 内蒙古 | 156****3454 |
| 20162254 | 刘新宇 | 男 | 满族 | 1998.2.4 | 619 | 吉林 | 183****0379 |
| 20162255 | 王浩翔 | 男 | 汉族 | 1998.5.17 | 422 | 吉林 | 183****7980 |
| 20162257 | 孙明欣 | 男 | 汉族 | 1996.4.22 | 612 | 黑龙江 | 158****8441 |

从表中可以看出，表中的一行数据才能完整描述一个学生的信息，因此这一行数据是具有内在联系的。前面讲的数组可以存储一批具有相同类型的数据，因此表中的一列可以用一个数组来存储，不同列用不同的数组存储，但这样存起来的数据不能反映数据间的内在联系。要存储表中一行的数据，则需要用结构体类型来实现。

结构体类型是由一系列具有相同类型或不同类型的数据构成的数据集合，简称结构。在 C 语言中，可以通过结构体类型将多个相关的变量包装成一个整体使用，包含的这些变量可以是相同类型的，也可以是部分相同类型的，或者是完全不同类型的。

通常，结构体类型的数据是常用的一些信息管理系统中要处理的最基本的数据。下面通过一个简易的学生成绩管理系统介绍结构体类型及其变量的用法。

## 9.2　结构体类型及变量

本节将通过具体的例子来详细介绍结构体类型的定义，结构体变量的定义、初始化、成员变量引用等相关知识。

【例 9-1】结构体类型及其变量的基本用法。定义学生结构体类型，存储并输出一个学生的信息。

【问题分析】

（1）先定义一个结构体类型，再定义一个该类型的变量。

（2）可通过初始化、输入语句或赋值的方式存储一个学生的信息，然后使用输出语句输出学生的相关信息。

【程序代码】

```
1   #include<stdio.h>
2   #include <string.h>
3   int main()
4   {
5     struct  Student
6     {  int num;
7        char name[20];
8        char sex;
9        int age;
```

```
10      float score;
11      char addr[30];
12    } ; //类型定义
13  struct Student  stu1,stu2={170002,"张三",'M',20,90};
14  struct Student stu3;
15  stu1.num = 170001;
16  strcpy(stu1.name,"李丽");
17  stu1.sex = 'F';
18  stu1.age = 18;
19  stu3 = stu2;
20  printf("1:%d  %s  %c  %d\n",stu1.num,stu1.name,stu1.sex,stu1.age);
21  printf("2:%d  %s  %c  %d\n",stu2.num,stu2.name,stu2.sex,stu2.age);
22  printf("3:%d  %s  %c  %d\n",stu3.num,stu3.name,stu3.sex,stu3.age);
23  return 0;
24  }
```

【程序注解】

（1）程序代码中第 5～12 行是结构体类型的定义，类型名为 struct Student，该类型中包含了 6 个成员变量。第 13 行定义了该类型的两个变量 stu1 和 stu2，并对 stu2 进行了初始化。第 14 行又定义了一个变量 stu3。

（2）第 15～18 行用赋值语句为变量 stu1 的前 4 个成员变量进行了赋值，注意姓名为字符串，要用字符串处理函数为其赋值。

（3）同类型的结构体变量可以相互赋值。第 19 行用结构体变量 stu2 为同类型的变量 stu3 进行赋值后，stu3 中的各成员变量的值就与 stu2 中对应成员变量的值相同。

（4）结构体变量不能整体输入输出，第 20～22 行用三条输出语句分别输出了 3 个学生的各项信息。

### 9.2.1 结构体类型的定义

1. 结构体类型定义的一般形式

```
struct  结构名 {
     数据类型名1  成员变量名1;
     数据类型名2  成员变量名2;
     …
     数据类型名n  成员变量名n;
};
```

其中，关键字 struct 和它后面的结构名一起组成一个新的数据类型名，结构的定义以分号结束，被看作一条语句。

结构体类型的定义可以放在一个函数的函数体内，也可以放在函数外部（即不放在任何函数的函数体内）。在一个函数的函数体内定义的结构体类型只能在该函数内使用。定义在函数外（通常放在程序文件的最前面）的结构体类型，从定义的地方开始，其后的函数都可以实现该类型，即与变量的作用范围类似，结构体类型根据其定义的位置也有不同的作用范围。

2. 结构体类型的实例

结构体类型并非只有一种，而是可以根据需要设计出许多种结构体类型。在现实生活中，可以用结构体表示的事物比比皆是，如一个员工、一个学生、一门课程等。例如，一个学生的成绩信息用如下的结构体类型来描述：

```
struct stuScore
{   int num;                //学号
    char name[20];          //姓名
    int mathScore;          //数学成绩，百分制，整数
    char EnglishScore;      //英语成绩，五分制
    float clScore;          //C语言成绩，百分制，实数
};
```

下面我们定义一个名为 employee 的结构体类型来表示一个员工的信息：

```
struct employee{
    int   num;              //员工号
    char  name[20];         //员工姓名
    char  sex;              //员工性别
    char  dptname[20];      //所在部门
    char  telephone[12];    //联系电话
};
```

结构体类型 struct stuScore 中包含了多个成员变量，成员变量 num、name、mathScore、EnglishScore、clScore 的类型各不相同。结构体类型 struct employee 中也包含了多个成员变量，成员变量 num、name、sex 的类型各不相同，也有部分成员变量的类型是相同的，如 name、dptname 等，但含义也是不同的。有些信息包含的数据成员的类型是相同的，但不同成员代表不同含义，也可以用结构体类型来描述。如平面坐标系中的一点，可定义为

```
struct  point{
    int  x;         //x表示横坐标
    int  y;         //y表示纵坐标
};
```

或

```
struct  point{
    int  x,y;       //x表示横坐标，y表示纵坐标
};
```

在定义结构体类型时，相同类型的成员变量可以一起定义。

3. 结构体类型和结构体变量

有了结构体类型的定义之后，要存储这种类型的信息，还需要定义该结构体类型的变量。方法和 C 语言提供的基本数据类型一样，如：

```
    int a;                  //定义了一个变量a，可以用来存储一个整数
```

同样，已定义的结构体类型作为 C 语言的一种数据类型，当然可以与其他类型一样，用于定义该类型的变量，例如：

```
    struct employee  staff1;
```

此语句定义了一个类型名为 employee 的结构体变量，变量名为 staff1。

```
struct  student  stu1,xMan;
```

此语句定义了两个结构体变量，变量名分别为 stu1 和 xMan，它们的类型是 struct student。

**注意**：编译器并不为结构体类型名分配存储空间，但是一旦定义了结构体变量，就要为该结构体变量分配存储空间。

### 9.2.2 结构体变量的定义

和基本类型的变量一样，结构体变量也要先定义后使用。在 C 语言中，结构体变量的定义有 3 种形式。

#### 1. 结构体变量定义的一般形式

先定义结构体类型，再定义具有这种结构体类型的变量，其一般形式如下：

```
struct  结构名 {
          数据类型名 1  成员变量名 1;
          数据类型名 2  成员变量名 2;
          …
          数据类型名 n  成员变量名 n;
       };
   struct  结构体类型名  变量名列表;
```

例如：

```
struct employee{
    int  num;               //员工号
    char  name[20];         //员工姓名
    char  sex;              //员工性别
    char  dptname[20];      //所在部门
    char  telephone[12];    //联系电话
};
struct employee  staff1, staff2;  //定义了 staff1 和 staff2 两个结构体变量
```

#### 2. 混合定义

在定义结构体类型的同时定义结构体变量，其一般形式如下：

```
struct  结构名 {
          数据类型名 1  成员变量名 1;
          数据类型名 2  成员变量名 2;
          …
          数据类型名 n  成员变量名 n;
       }变量名列表;
```

例如：

```
struct employee{
    int  num;               //员工号
    char  name[20];         //员工姓名
    char  sex;              //员工性别
    char  dptname[20];      //所在部门
```

```
        char  telephone[12];          //联系电话
    } staff3,  staff4 ;  //定义类型的同时，定义了两个结构体变量 staff3 和 staff4
```

### 3. 无类型名定义

在定义结构体变量时，省略结构体名，其一般形式如下：

```
struct  {
        数据类型名1   成员变量名1；
        数据类型名2   成员变量名2；
        …
        数据类型名n   成员变量名n；
    }变量名列表；
```

例如：

```
struct {
    int  num;                //员工号
    char  name[20];          //员工姓名
    char  sex;               //员工性别
    char  dptname[20];       //所在部门
    char  telephone[12];     //联系电话
} staff5;
```

### 9.2.3  结构体变量的引用

在定义结构体变量后，就可以引用这个变量了。所谓引用结构体变量，就是使用结构体变量或结构体变量的成员进行运算或者其他操作。

#### 1. 对结构体变量成员的引用

结构体变量中包含多个成员，被看作一个整体，但是不能对结构体变量整体进行诸如输入、输出操作，需要通过引用该变量的各个成员来实现相应的运算或操作。引用结构体变量的成员时需用到"."运算符。"."运算符也叫作成员运算符，一般用在结构体变量名或共用体变量名后，用于指定要引用的结构体变量或共用体变量的成员。例如：

```
staff.name //指定引用结构体变量 staff 的成员 name
```

可以使用结构体变量的成员参与运算，也可以对结构体变量的成员赋值，如：

```
staff.num++;
staff.sex = 'F';
strcpy(staff.name,"张君宝");
```

#### 2. 对结构体变量的引用

C 语言允许对两个类型相同的结构体变量之间进行整体赋值。例如：

```
staff1 = staff;
```

该语句相当于将变量 staff 中的各个成员依次复制给 staff1 中对应的成员。

【例 9-2】在一个职工工资管理系统中，工资项目包括职工编号、姓名、基本工资、奖金、保险、实发工资。输入某个职工的前 5 项信息，计算该职工的实发工资并输出其工资信息。其中，实发工资 = 基本工资+奖金–保险。

【问题分析】

（1）先定义一个结构体类型，再定义一个该类型的变量。

（2）输入一个职工信息的前 5 项信息，利用公式计算实发工资，然后输出该职工工资中的各项信息。

【程序代码】

```
1  #include<stdio.h>
2  int main(void)
3  {
4    struct payroll{
5      int num;                              //职工编号
6      char name[20];                        //姓名
7      float baseWage, bonus, insurance;     //基本工资、奖金、保险
8      float realWage;                       //实发工资
9    };
10   struct payroll e;
11   printf("请输入职工的信息(职工编号 姓名 基本工资 奖金 保险)：\n");
12   scanf("%d%s", &e.num, e.name);
13   scanf("%f%f%f", &e.baseWage, &e.bonus, &e.insurance);
14   e.realWage = e.baseWage + e.bonus - e.insurance;
15     printf("职工号:%d 姓名:%s 实发工资:%.2f\n", e.num, e.name,
e.realWage);
16   return 0;
17 }
```

【程序注解】

（1）结构体类型的定义可以放在函数内的声明部分，也可以放在函数外面，通常放在文件开始的部分，以便后面多个函数都可以使用。

（2）在结构体类型定义中，若多个成员变量的类型相同，则可以同时定义，如第 7 行；也可以分别定义，如第 8 行。

（3）结构体变量不能整体输入输出，如 "scanf("%d%s", &e);" 是错误的。需要通过引用其成员的方式进行输入输出。

（4）结构体变量的成员都是变量，可以是基本类型的变量，如 e.num、e.baseWage 等，也可以是数组，如 e.name，还可以是已定义过的结构体类型的变量。使用结构体变量的成员参与运算或操作时，也和普通变量一样，如从键盘为其输入值时，引用成员变量前需加&。

### 9.2.4 结构体变量的初始化

和 C 语言中其他变量一样，可以在定义结构体变量的同时，对其进行初始化，其一般形式如下：

```
struct 结构体类型名  变量名 = { 初始数据 };
```

例如：

```
struct employee staff={2018001,"张三",'M',"研发部","0951-2067880"};
```

初始化时，初始数据被放在一对{ }内，按定义时的顺序依次给出各个成员变量的值。如上面的语句，相当于执行了下列操作：

```
staff.num  = 2018001;
strcpy(staff.name, "张三"); //姓名是字符数组类型，不能用"="赋值
staff.sex = 'F';//用字符'M'表示性别是男(Man),用字符'F'表示性别是女(Female)
strcpy(staff. dptname, "研发部");
strcpy(staff. telephone, "0951-2067880 ");
```

在定义结构体变量时，若没有进行初始化，则编译器会给该变量的每个成员一个默认值（随机值），初始化后则赋予初始化时给定的值。

**注意**：当对结构体变量进行初始化时，必须按照定义类型时每个成员的顺序和类型对成员——对应地赋值，少赋值、多赋值及类型不符都可能引起编程错误。

**【例 9-3】** 在一个职工工资管理系统中，工资项目包括职工编号、姓名、基本工资、奖金、保险、实发工资。初始化某个职工的前 5 项信息，然后计算该职工的实发工资并输出其工资信息。其中，实发工资 = 基本工资+奖金-保险。

**【程序代码】**

```
1   #include<stdio.h>
2   int  main(void)
3   {
4      struct payroll{
5        int num;                          //职工编号
6        char name[20];                    //姓名
7        float  baseWage, bonus, insurance;  //基本工资、奖金、保险
8        float  realWage;                  //实发工资
9      };
10     struct payroll  e= {2017001,"zhangsan",5000,1200,300};
11     e.realWage = e.baseWage + e.bonus - e.insurance;
12      printf("职工号:%d 姓名:%s 实发工资:%.2f\n", e.num, e.name, e.realWage);
13     return 0;
14  }
```

**【程序注解】**

（1）程序中第 10 行定义结构体变量的同时，进行了初始化，但是部分初始化，即只给该变量的前 5 个成员赋了初始值，第 6 个成员变量 realWage 没有赋初始值，在第 11 行未执行前它的值是随机值。

（2）与初始化数组时类似，部分初始化时若要对结构体变量的某个成员赋初值，它前面的成员也都需要赋初值。

### 9.2.5  嵌套的结构体

C语言允许在定义一个结构体类型时,它的某个成员又是另一个结构体类型的变量。成员是结构体变量的结构体就被称为嵌套的结构体。例如，要在前面定义的 struct employee 类型中增加员工入职的日期，则可以先定义日期类型。

```
struct date{
   int year;             //年
   int month;            //月
   int day;              //日
};
```

然后定义员工类型，如下：

```
struct employee {
    int num;                    //员工号
    char name[20];              //员工姓名
    char sex;                   //员工性别
    char dptname[20];           //所在部门
    char telephone[12];         //联系电话
    struct date entryDate;      //入职日期
};
```

**注意：**

（1）在定义嵌套的结构体类型时，其结构体成员的类型必须已定义过。

（2）在初始化嵌套的结构体变量时，其结构体成员的初始值也放在一对{}里，依次给出各个成员的值。如：

```
struct employee staff = { 2018001,"张三",'M',"研发部","0951-2067880 ",
{2018,7,18} };
```

（3）引用结构体变量时，如果一个结构体变量的成员又是一个结构体类型的变量，引用时要用成员运算符逐级遍历到底层的成员。例如：

```
staff.entryDate.month = 6;//为员工的入职日期中的月份赋值为6
```

在引用结构体变量时，需注意以下几点。

（1）必须先定义结构体变量，才能对其进行引用。结构体类型作为一种数据类型，定义该类型的变量或指向该结构体变量的指针变量时，同样有局部变量和全局变量之分，视定义的位置而定。

（2）结构体变量的成员变量可以像与其同类型的普通变量一样参与各种运算或其他操作。

（3）不能对结构体变量整体进行诸如输入、输出操作。

（4）可以引用结构体变量的地址，也可以引用结构体变量中成员的地址。结构体变量名不是指向该结构的地址，这与数组名的含义不同，因此若需要求结构体变量的首地址应该是"&结构体变量名"。如需要引用成员变量的地址时，若成员变量不是数组名，取地址时也需用"&"运算符。

（5）如果一个结构体变量的成员又是一个结构体类型的变量，引用时要用成员运算符逐级遍历到底层的成员。

（6）结构体变量的成员可以与程序中的其他变量同名，但二者是完全不同的两个变量。

## 9.3 结构体数组

前面定义的结构体变量 staff 中可以存放一个职工的相关数据。如果有若干职工的信息需要处理，则需要若干与 staff 同类型的结构体变量来存放这些职工的信息，多个类型相同的变量可以用数组来组织，这样的数组就是结构体数组。与一般数组不同的是，结构体数组中的每个元素都是结构体类型的变量，所以这些元素每一个都包含结构体中的各个成员。

【例9-4】在例9-1的基础上修改程序，要求输入一个正整数 n 代表职工人数，再输入 n 个职工的前 5 项信息，计算每个职工的实发工资并输出其工资信息。实发工资 = 基本工资+奖金−保险。

【问题分析】

（1）可以定义一个结构体数组，用于存储职工信息。

（2）输入一个整数 n，代表职工人数。

（3）使用循环结构，循环 n 次，每次循环都输入一个职工工资项目的前 5 项信息，利用公式计算实发工资，然后输出该职工工资中的各项信息。

【程序代码】

```
1   #include<stdio.h>
2   struct  payroll {
3       int num;                            //职工编号
4       char name[20];                      //姓名
5       float  baseWage, bonus, insurance;  //基本工资、奖金、保险
6       float  realWage;                    //实发工资
7   };
8   int main(void)
9   {
10      int i, n;
11      struct  payroll e;
12      struct  payroll staffs_pay [50];
13      printf("请输入职工人数 n: ");
14      scanf("%d", &n);
15      for(i = 0; i < n; i++){
16          printf("请输入第%d 个职工的信息(职工编号 姓名 基本工资 奖金
17          保险): \n", i);
18          scanf("%d%s", &e.num, e.name);
19          scanf("%f%f%f", &e.baseWage, &e.bonus, &e.insurance);
20          e.realWage = e.baseWage + e.bonus - e.insurance;
21       printf("职工编号:%d 姓名:%s 实发工资:%.2f\n", e.num, e.name,
e.realWage);
22          staffs_pay [i] = e;
23      }
24      return 0;
25  }
```

【程序注解】

（1）程序中第 11 行定义了 struct employee 类型的一个变量 e，第 12 行定义了有 50 个元素的结构体数组 staffs_pay，数组元素 staffs_pay [0]、staffs_pay [1]、staffs_pay [2]…staffs_pay [49]都与变量 e 一样是结构体类型。

（2）同类型的结构体变量可以相互赋值，所以第 22 行可以把变量 e 的值赋给数组 staffs_pay 中下标为 i 的元素。

【思考】此例中若不使用结构体数组，循环结束后，n 个职工的工资信息是否都能再查询到？

### 9.3.1 结构体数组的定义

和普通数组一样，结构体数组也必须先定义后使用。定义方式也与普通数组一样，只不过元素的类型是结构体类型。其一般形式如下：

```
struct  结构体类型名  数组名列表；
```
例如：
```
struct employee staffs[50];//定义一个可以存放50个职工信息的数组staffs
```
又如：
```
#define CLASSNUM 40
struct student tmpClass[CLASSNUM];/* 定义一个学生类型的数组 tmpClass,
最多可以存放40个学生的信息*/
```
也可以使用类似于其他两种定义结构体变量的方式来定义结构体数组，此处不再赘述。

### 9.3.2 结构体数组元素的引用

结构体数组中的每个元素都是一个结构体变量，因此对结构体数组元素的引用方法与普通结构体变量的引用方法类似。如例9-4中，若不使用变量e，第18~20行可改写如下：

```
scanf("%d%s", & staffs_pay [i].num, staffs_pay [i].name);
scanf("%f%f%f", & staffs_pay [i].baseWage, & staffs_pay [i].bonus, &
staffs_pay [i].insurance);
staffs_pay [i].realWage = staffs_pay [i].baseWage + staffs_pay
[i].bonus - staffs_pay [i].insurance;
```

### 9.3.3 结构体数组元素的初始化

对结构体数组可以做初始化赋值。例如，某公司"研发部"有5名员工，定义职工类型的数组，并通过初始化方式给出这5名员工的信息：

```
struct employee staffs_dpt1 [5]={
    { 2008001,"张三",'M',"研发部" ,"0951-2067880 " } ,
    { 2011002,"何芳",'F',"研发部" ,"0951-2067880 " } ,
    { 2018001,"张平",'M',"研发部" ,"0951-2067881 " } ,
    { 2018003,"程林",'M',"研发部" ,"0951-2067881 " } ,
    { 2019004,"王明",'M',"研发部" ,"0951-2067881 " } ,
};
```
经初始化后，该数组中各元素的值如图9-1所示。

| | num | name | sex | dptname | telephone |
|---|---|---|---|---|---|
| staffs_dpt1[0] | 2008001 | 张三 | M | 研发部 | 0951-2067880 |
| staffs_dpt1[1] | 2011002 | 何芳 | F | 研发部 | 0951-2067880 |
| staffs_dpt1[2] | 2018001 | 张平 | M | 研发部 | 0951-2067881 |
| staffs_dpt1[3] | 2018003 | 程林 | M | 研发部 | 0951-2067881 |
| staffs_dpt1[4] | 2019004 | 王明 | M | 研发部 | 0951-2067881 |

图9-1  数组中各元素的值

当对全部元素进行初始化赋值时，可省略数组长度，也可只对数组中部分元素初始化，具体规则与第 6 章中对数组初始化的要求一样，此处不再赘述。

# 9.4 结构体指针

当一个指针变量用来指向一个结构体变量时，我们称之为结构体指针变量。结构体指针变量中的值是所指向的结构体变量的首地址。通过结构体指针即可访问该结构体变量，这与数组指针和函数指针的情况是相同的。

结构体指针变量说明的一般形式如下：

```
struct 结构名 *结构指针变量名;
```

例如，在前面的例题中定义了 struct student 这个结构体，如要说明一个指向 struct student 的指针变量 pstu，可写为

```
struct  student *pstu;
```

当然也可在定义 struct student 类型时，同时说明 pstu。与前面讨论的各类指针变量相同，结构体指针变量也必须要先赋值，然后才能使用。

## 9.4.1 指向结构体变量的指针

赋值是把结构体变量的首地址赋予该指针变量，而不是把结构体名赋予该指针变量。如果 boy 是被说明为 struct student 类型的结构体变量，则"struct  student  boy , *pstu = &boy;"是正确的，而 "pstu=&student;" 是错误的。

结构体名和结构体变量是两个不同的概念，不能混淆。结构体名只能表示一个结构体形式，编译系统并不对它分配内存空间。只有当某变量被说明为这种类型的结构体时，才能对该变量分配存储空间。因此上面&student 这种写法是错误的，不可能去取一个结构体名的首地址。有了结构体指针变量，就能更方便地访问结构体变量的各个成员。

其访问的一般形式如下：

```
(*结构指针变量).成员名
```

或者

```
结构指针变量->成员名
```

例如：

```
(*pstu).num
```

或者

```
pstu->num
```

应该注意(*pstu)两侧的括号不可少，因为成员符 "." 的优先级高于 "*"。如去掉括号写作*pstu.num，则等效于*(pstu.num)，这样，意义就完全不对了。

## 9.4.2 指向结构体数组指针

指针变量可以指向一个结构体数组，这时结构体指针变量的值是整个结构体数组的首地址。结构体指针变量也可指向结构体数组的一个元素，这时结构体指针变量的值是该结构体数组元素的首地址。

设 ps 为指向结构体数组的指针变量，则 ps 也指向该结构体数组的 0 号元素，ps+1 指向 1 号元素，ps+i 则指向 i 号元素。这与普通数组的情况是一致的。

【例 9-5】使用结构体指针输出 n 个学生的信息。

【问题分析】

（1）定义一个结构体类型，并定义该类型的数组用于存放 n 个学生的信息。

（2）定义结构体指针变量，通过赋值语句使其指向结构体数组的第一个元素，依次输出该元素的各个成员。然后移动指针使其指向下一个数组元素，再输出该元素的各个成员的值。重复此操作，直到 n 个元素的值全部输出。

【程序代码】

```
1    #include<stdio.h>
2    struct  student
3    {   int num;
4        char name[20];
5        char sex;
6        int age;
7        float score;
8        char addr[30];
9    } ;
10   #define N 50
11   int main()
12   {
13       struct  student  stu[N]={
14          {17001,"张三",'M',20,90},
15          {17002,"李四",'M',19,85,"西安"},
16          {17003,"李丽",'F',18,78,"北京"}
17       }; //定义并初始化结构体数组
18       struct  student  *ps;  //定义结构体指针
19       int n=3;
20       for(ps = stu;ps<stu+n; ps++ )
21       {
22           printf("%-8d%-8s",ps->num,ps->name);
23           if(ps->sex=='F' || ps->sex== 'f')printf("女\t");
24           else printf("男\t");
25           printf("%-8d%-8.1f\n",ps->age,ps->score);
26       }
27       return 0;
28   }
```

【运行结果】

```
17001    张三      男        20        90.0
17002    李四      男        19        85.0
17003    李丽      女        18        78.0
```

【程序注解】

（1）在程序代码中第 20 行的 for 语句中，表达式 1 为指针变量赋初值，使其指向数组中的第一个元素；表达式 2 通过比较指针的大小来判断指针是否移动到了最后一个元素的后面；表达式 3 的作用是移动指针，指针自增 1，实际上是指向了下一个数组元素。

（2）第 23、24 行对性别信息的输出形式做了处理。在结构体变量中，用字符类型来存储性别，可以节省存储空间，但在屏幕上输出时，为符合中国人的习惯，将其转化成了汉字输出。

（3）用指针变量去访问其指向的结构体变量的成员时，如要访问学号用(*ps).num 或 ps->num 都可以，但后一种方式因指向运算符"->"只用于指针变量，含义明确且使用更方便，因此更常被采用。

### 9.4.3 结构体指针做函数参数

在 ANSI C 标准中允许用结构体变量做函数参数进行整体传送。但是这种传送要将全部成员逐个传送，特别是成员为数组时，将会使传送的时间和空间开销很大，严重地降低了程序的效率。因此最好的办法就是使用指针，即用指针变量做函数参数进行传送。这时由实参传向形参的只是地址，从而减少了时间和空间的开销。

【例 9-6】定义学生结构体类型，输入、输出 n 个学生的信息。

【问题分析】

（1）先定义一个结构体类型，再定义一个该类型的变量、数组。

（2）要输入一批学生的信息，可先输入一个学生的信息，然后用循环语句批量处理；同理，要输出一批学生的信息，可先输出一个学生的信息。因此，可以定义 4 个函数，分别完成输入一个学生的信息、输出一个学生的信息、输入 n 个学生的信息、输出 n 个学生的信息。

【程序代码】

```
1  #include<stdio.h>
2  #include <stdio.h>
3  struct  student
4  {   int num;
5      char name[20];
6      char sex;
7      int age;
8      float score;
9      char addr[30];
10 } ;
11 //下面4行是函数声明
12 struct  student input_student();//输入一个学生的信息
13 void input_all(struct  student stu[],int n); //输入 n 个学生的信息
14 void display(struct  student *ps); //输出一个学生的信息
15 void display_all(struct  student stu[],int n); //输出 n 个学生的信息
16 #define N 10
17 int main( )
18 {
19     struct  student  stu[N]={
20         {17001,"张三",'M',20,78},
21         {17002,"李丽",'F',18,90},
22         {17003,"lisi",'M',20,78}
23     };
```

```
24      int n=3,i;
25      input_all(stu+3,3);          //输入 3 个学生的信息
26      printf("学号\t 姓名\t 性别\t 年龄\t 成绩\n");
27      display_all(stu,6);          //输出 5 个学生的信息
28      return 0;
29  }
30  //输入一个学生的信息
31  struct  student input_student()
32  {
33      struct  student stu1;
34      int choice;
35
36      printf("请输入一个学生的学号、姓名、年龄和一门课的成绩:\n");
37      scanf("%d%s%d%f",&stu1.num,stu1.name,&stu1.age,&stu1.score);
38      do{
39          printf("请选择性别: \n 1---男;\t2---女\n 请选择: ");
40          scanf("%d",&choice);
41      }while(choice!=1&&choice!=2);
42      if(choice == 1) stu1.sex = 'M';
43      else stu1.sex = 'F';
44      return stu1;
45  }
46  //输入 n 个学生的信息
47  void input_all(struct  student stu[],int n)
48  {
49      int i;
50      for(i=0;i<n;i++)
51          stu[i]=input_student();
52  }
53   //输出一个学生的信息
54  void display(struct  student  *ps)
55  {
56      printf("%-8d%-8s",ps->num,ps->name);
57      if(ps->sex=='F' || ps->sex== 'f')printf("女\t");
58      else printf("男\t");
59      printf("%-8d%-8.1f\n",ps->age,ps->score);
60  }
61   //输出 n 个学生的信息
62  void display_all(struct  student stu[],int n)
63  {
64      int i;
65      for(i=0;i<n;i++)
66          display(stu+i);
67  }
```

【运行结果】

```
请输入一个学生的学号、姓名、年龄和一门课的成绩:
18001 liqiang 20 80
请选择性别:
   1——男;        2——女
请选择: 1
请输入一个学生的学号、姓名、年龄和一门课的成绩:
18002 zhaosi 19 85
请选择性别:
   1——男;        2——女
请选择: 1
请输入一个学生的学号、姓名、年龄和一门课的成绩:
18003 wuhua 20 90
请选择性别:
   1——男;        2——女
请选择: 2
学号      姓名      性别      年龄      成绩
17001     张三      男        20        78.0
17002     李丽      女        18        90.0
17003     lisi      男        20        78.0
18001     liqiang   男        20        80.0
18002     zhaosi    男        19        85.0
18003     wuhua     女        20        90.0
```

# 9.5 共用体与枚举类型

用户自定义的数据类型除了结构体类型外,还有一种是共用体类型。共用体类似于结构体,其声明和使用方式与结构体相同。共用体与结构体之间的区别在于,在同一时间内,只有一个成员可用。原因很简单,共用体的所有成员占用的是同一内存空间——它们相互覆盖。

## 9.5.1 共用体类型的数据处理

定义共用体类型及其变量的一般形式如下:

```
union 共用体名
{
    成员表列;
}变量表列;
```

例如:

```
union data
{
    int i;
    char ch;
    float f;
}a,b,c;
```

或者

```
union data
{
    int i;
    char ch;
    float f;
};
union data a,b,c;
```

**注意**：共用体与结构体的定义形式相似，但它们的含义是不同的。结构体变量所占内存长度是各成员所占内存长度之和，每个成员分别占有其自己的内存单元。共用体变量所占内存长度等于最长的成员的长度。

同其他类型变量的引用方式相同，共用体类型的变量也必须先定义后引用。引用时只能引用共用体变量中的各个成员。例如：

```
a.i
a.ch
a.f
```

共用体类型数据的特点如下。

（1）同一个内存段可以用来存放几种不同类型的成员，但在每一时间只能存放其中一种，而不是同时存放几种。所以共用体变量中起作用的成员是最后一次存放的成员。例如：

```
a.i = 1;
a.c = 'a';
a.f = 1.5;
```

只有 a.f 是有效的，a.i、a.c 已经无意义了，此时用"printf("%d",a);"是不行的，"printf("%d",a.i);"也是不行的，只有"printf("%f",a.f);"可以。

（2）共用体变量的地址、各成员的地址都是同一地址。即&a、&a.i、&a.c、&a.f 都是同一地址。

（3）不能对共用体变量名赋值，不能赋值给共用体名，不能在定义共用体时对它初始化。如下列语句是错误的：

```
union data
{
    int i;
    char ch;
    float f;
}a={1,'a',1.5};         //错误
a = 1;                  //错误
```

（4）不能把共用体变量作为函数参数，也不能使函数带回共用体变量，但可以使用指向共用体变量的指针做函数参数（和结构体变量的这种用法相仿）。

（5）共用体类型的变量可以出现在结构体类型定义中，也可以定义共用体数组。反之，结构体变量也可以出现在共用体类型定义中，其数组也可以作为共用体的成员。

### 9.5.2 枚举类型的数据处理

在实际问题中，有些变量的取值被限定在一个有限的范围内。例如，一个星期内只有七天，一年只有十二个月，等等。如果把这些量说明为整型但含义不够清晰，说明为字符型或其他类型显然是不妥当的。为此，C语言提供了一种被称为"枚举"的类型。在枚举类型的定义中列举出所有可能的取值，被说明为枚举类型的变量取值不能超过定义的范围。应该说明的是，枚举类型是一种基本数据类型，而不是一种构造类型，因为它不能再被分解为任何基本类型。

（1）枚举的定义。枚举类型定义的一般形式如下：

```
enum 枚举名{ 枚举值表 };
```

在枚举值表中应罗列出所有的可用值。这些值也被称为枚举元素。例如：

```
enum weekday{ sun,mou,tue,wed,thu,fri,sat };
```

该枚举类型名为 weekday，枚举值共有 7 个，即一周中的七天。凡被说明为 weekday 类型变量的取值只能是七天中的某一天。

（2）枚举变量的说明。如同结构体和共用体一样，枚举变量也可用不同的方式说明，即先定义后说明、定义同时说明或直接说明。

设变量 a、b、c 被说明为上述的 weekday，可采用下述任一种方式：

```
enum weekday{ sun,mou,tue,wed,thu,fri,sat };
enum weekday a,b,c;
```

或者

```
enum weekday{ sun,mou,tue,wed,thu,fri,sat }a,b,c;
```

又或者

```
enum { sun,mou,tue,wed,thu,fri,sat }a,b,c;
```

（3）枚举类型在使用中有这样的规定：枚举元素本身由系统定义了一个表示序号的数值，从 0 开始顺序定义为 0,1,2,…如在 weekday 中，sun 值为 0，mon 值为 1，…，sat 值为 6。所以，枚举值是整型常量，不是变量。不能在程序中用赋值语句再对它赋值。

例如，对枚举类型 weekday 的元素再做以下赋值：

```
sun=5;
mon=2;
sun=mon;
```

这三种都是错误的。

如果一定要将数值赋予枚举变量，则必须用强制类型转换。如 "a=(enum weekday)2;"，其意义是将顺序号为 2 的枚举元素赋予枚举变量 a，相当于 "a=tue;"。还应该说明的是，枚举元素不是字符常量也不是字符串常量，使用时不要加单、双引号。也可以人为地指定枚举元素的数值，如 "enum Weekday {sun=7,mon=1,tue,wed,thu,fri,sat } workday,week_end;"，指定枚举常量 sun 的值为 7，mon 为 1，以后顺序加 1，所以 tue 为 2，sat 为 6。

【例 9-7】枚举类型及其变量的基本用法。

【程序代码】

```
1  #include<stdio.h>
2  int main()
3  {
4    enum weekday{ sun,mon,tue,wed,thu,fri,sat }yesterday,today,tomorrow;
5    yesterday = sun;
6    today = mon;
7    tomorrow = tue;
8    printf("%d,%d,%d\n",yesterday,today,tomorrow);
9    return 0;
10 }
```

### 9.5.3 typedef 类型

C语言不仅提供了丰富的数据类型，还允许用户自己定义类型说明符，也就是说允许由用户为数据类型取"别名"。类型定义符 typedef 即可用来完成此功能。例如，有整型变量 a，b，其说明如下：

```
int a,b;
```

其中，int 是整型变量的类型说明符。int 的完整写法为 integer，为了增强程序的可读性，可把整型说明符用 typedef 定义如下：

```
typedef int INTEGER
```

以后就可用 INTEGER 来代替 int 做整型变量的类型说明了。例如：

```
INTEGER a,b;
```

等效于

```
int a,b;
```

typedef

typedef 定义的一般形式如下：

```
typedef 原类型名 新类型名
```

其中，原类型名中含有定义部分，新类型名一般用大写表示，以便于区别。

用 typedef 定义数组、指针、结构体等类型，将带来很大方便，不仅使程序书写简单，而且使意义更加明确，因而增强了可读性。例如，"typedef char NAME[20];"表示 NAME 是字符数组类型，数组长度为 20。然后用 NAME 说明变量，如：

```
NAME a1,a2,s1,s2;
```

完全等价于

```
char a1[20],a2[20],s1[20],s2[20]
```

又如：

```
typedef struct stuScore
{ int num;
  char name[20];
  int mathScore;
  char EnglishScore;
  float clScore;
}STU;
```

定义 STU 表示 struct stuScore 这种结构体类型，书写更简洁，然后就可以用 STU 来说明结构体变量如下：

```
STU body1,body2;
```

有时也可用宏定义来代替 typedef 的功能，但是宏定义是由预处理完成的，而 typedef 则是在编译时完成的，后者更加灵活方便。

## 9.6 综合应用

【例 9-8】实现了一个简易的学生成绩管理系统，每个学生的信息包括学号、姓名、数学成绩、英语成绩、C 语言成绩。系统的功能包括录入一个学生的信息、批量录入学生信息、按学号查看一个学生的成绩信息、查看所有学生的成绩信息、录入一门课程的学生成绩等。

【问题分析】

（1）先自定义一个结构体类型，再定义一个该类型的变量和数组。

（2）每项功能都对应一个自定义函数。

（3）在主函数中通过菜单选项调用不同的函数，实现对整个流程的控制。

【程序代码】

```c
#include<stdio.h>
#include <string.h>
typedef  struct  stuScore
{
    int num;                //学号
    char name[20];          //姓名
    int mathScore;          //数学成绩，百分制，整数
    char EnglishScore;      //英语成绩，五分制
    float clScore;          //C 语言成绩，百分制，实数
} STU;

/* 函数声明从这开始 */
void mainMenu();          //主菜单，提供系统功能列表
STU input_student();      //录入一个学生成绩
void  input_all(STU s[],int n);       //批量录入 n 个学生成绩
void display(STU  stu1);               //输出一个学生成绩
void display_all(STU stu[],int n);    //输出 n 个学生成绩
void searchByNum(STU stu[], int n,int num); //按学号查看学生成绩
void inputOneCourseScore(STU stu[],int n);  //批量录入一门课的成绩
/* 函数声明到这结束 */
#define  N  50
//函数定义：主菜单，提供系统功能列表
void mainMenu()
{
    printf("[0]退出系统\n");
    printf("[1]录入一个学生成绩\n");
    printf("[2]批量录入学生成绩\n");
    printf("[3]按学号查看一个学生成绩\n");
    printf("[4]查看所有学生成绩\n");
    printf("[5]录入一门课成绩\n");
}
int  main()
{
    int  n=3;
    STU  xMan;
    STU  s[N];
    int  i,choice;
    int  keyNum;

    while(1)
```

```c
    {
        printf("----------欢迎使用简易学生成绩管理系统----------\n\n");
        printf("----------系统功能如下： ----------\n");
        mainMenu();
Lab1:printf("请输入编号（0~5），选择要执行的功能：\n");
        scanf("%d",&choice);
        if(choice < 0 || choice    > 5){
            printf("功能编号输入错误，请重新输入！\n");
            goto Lab1;
        }
        switch(choice)
        {
            case 0 :printf("谢谢使用，再见！\n"); return 0; //结束主函数
            case 1 :xMan = input_student();
printf("%-12s%-12s%-8s%-8s%-8s\n","学号","姓名","数学","英语","C 语言");
                display(xMan);
                break;
            case 2 :input_all(s,n);
                break;
            case 3 :printf("请输入学生的学号：");
                scanf("%d",&keyNum);
                searchByNum(s,n,keyNum);
                break;
            case 4 :display_all(s,n);
                break;
            case 5 :inputOneCourseScore(s,n);
                break;
        }
    }
    return 0;
}
//录入一个学生成绩
STU input_student()
{
    STU stu1;
    printf("请输入一个学生的学号、姓名、和 3 门课的成绩:\n");
    printf("其中：数学成绩是百分制整数，英语成绩是五分制成绩 A~E，
C 语言成绩是百分制实数。\n");
    printf("输入形式形如：20210001  张三  85A78.5\n");
        scanf("%d%s",&stu1.num,stu1.name); scanf("%d%c%f",&stu1.mathScore,
&stu1.EnglishScore,&stu1.clScore);
    return stu1;
}
//批量录入 n 个学生成绩
void input_all(STU s[],int n)
{
    STU stu1;
```

```
    int i;
    printf("请输入%d 个学生的学号、姓名、和 3 门课的成绩:\n",n);
    printf("其中: 数学成绩是百分制整数, 英语成绩是五分制成绩 A~E, C 语言成绩是
百分制实数。\n");
    printf("输入形式形如: 20210001    张三    85A78.5\n");
    for(i=0;i<n;i++)
    {
        scanf("%d%s",&stu1.num,stu1.name);
        //scanf("%d%c%f",&stu1.mathScore,&stu1.EnglishScore,&stu1.clScore);
        stu1.mathScore = 60;stu1.EnglishScore='C';stu1.clScore=60;
        s[i] = stu1;
    }
}
//输出一个学生成绩
void display(STU  stu1)
{
    printf("%-12d%-12s",stu1.num,stu1.name);
    printf("%-8d%-8c%-8.1f\n",stu1.mathScore,stu1.EnglishScore,stu1.
clScore);
}
//输出 n 个学生成绩
void display_all(STU stu[],int n)
{
    int i;
    printf("%-12s%-12s%-8s%-8s%-8s\n","学号","姓名","数学","英语","C 语言");
    for(i=0;i<n;i++)
        display(stu[i]);
}
//按学号查看学生成绩
void searchByNum(STU stu[],int n,int num)
{
    int i,k=-1;
    for(i=0;i<n;i++)
    {
        if(stu[i].num == num) {   k = i; break;   }
    }
    if(k!=-1)display(stu[k]);
    else printf("未找到要查看的学生,请确认学号输入是否正确! \n");
}
//批量录入一门课的成绩
void inputOneCourseScore(STU stu[],int n)
{
    STU *ps = stu;
    int  i, choice;
    printf("可录入成绩的课程编号及名称如下: \n");
    printf("[1]数学\t[2]英语\t[3]C 语言\n");
    printf("请输入要录入成绩的课程编号: \n");
    scanf("%d",&choice);
```

```
        switch(choice)
        {
            case 1 :printf("请录入数学成绩,成绩为百分制整数: \n");
                    printf("%-12s%-12s%-12s\n","学号","姓名","成绩");
                    for(ps = stu; ps < stu+n; ps++)
                    {
                        printf("%-12d%-12s\t",ps->num,ps->name);
                        scanf("%d",&ps->mathScore);
                    }
                    break;
            case 2 :  printf("请录入英语成绩,成绩为五分制成绩: \n");
                    printf("%-12s%-12s%-12s\n","学号","姓名","成绩");
                    getchar();//此语句用于读掉输入的回车等多余字符
                    for(ps = stu; ps < stu+n; ps++)
                    {
                        printf("%-12d%-12s\t",ps->num,ps->name);
                        scanf("%c",&ps->EnglishScore);
                        getchar();//此语句用于读掉输入的回车等多余字符
                    }
                    break;
            case 3 :printf("请录入 C 语言成绩,成绩为百分制实数: \n");
                    for(ps = stu; ps < stu+n; ps++)scanf("%f",&ps->clScore);
                    break;
        }
    }
```

# 本 章 小 结

结构体类型是由一系列具有相同类型或不同类型的数据构成的数据集合,简称结构。要使用结构体类型,需先定义这种结构体类型,再定义这种类型的变量来存储相应数据。通常不可以整体引用结构体变量名,需要分别引用其各个数据成员来参与运算。但同类型的结构体变量可以相互赋值。可以定义结构体数组来存储批量数据。结构体变量和结构体数组都可以做函数参数。结构体数组名做函数参数时,其实质是结构体指针。结构体变量所占的内存单元的大小是其各个成员所占内存大小之和。

共用体类型的基本用法与结构体类型相似,区别在于共用体变量的各个成员共享一段存储空间,其所占的内存单元的大小是其占用空间最大的成员所需的存储空间的大小。

# 习 题

## 一、基础巩固

1. 读下列程序,写出程序的运行结果_____。

```
#include <stdio.h>
```

```
void main()
{
    struct cmplx { int x; int y; } cnum[2]={{ 1,3},{2,7}};
    printf("%d\n",cnum[0].y /cnum[0].x * cnum[1].x);
}
```

2. 读下列程序，写出程序运行的结果_____。

```
#include <stdio.h>
void main()
{
        struct grade  /* 定义结构体类型 */
        {   int number;
            char name;
            int math;
            int english;
        };
        struct grade wanglin;  /* 说明结构体变量 */
        printf("Please input the number, name, math, english:\n");
        scanf("%d,%c,%d,%d",&wanglin. number,& wanglin. name,& wanglin.
math, & wanglin.english);
        printf("wanglin 'grade is: %d/%c/%d/%d\n", wanglin. number,
wanglin.name, wanglin.math, wanglin.english);
    }


        Please input the number, name, math, english:
        26,A,85,90
        wanglin 'grade is: _____
```

3. 读下列程序，写出程序的运行结果_____。

```
#include <stdio.h>
struct st
{ int x;
  int *y;
} *p;
int dt[4]={10,20,30,40};
struct st aa[4]={{50,&dt[0]},{60,&dt[1]},{70,&dt[2]},{80,&dt[3]}};
int main()
{ p=aa;
  printf("%d\n", ++p->x  );
  printf("%d\n", (++p)->x);
  printf("%d\n", ++( *p->y));
  return 0;
}
```

## 二、能力提升

1. 在例 9-8 的基础上实现 5 个学生数据的输入，用一个函数求每个学生三门课程的平均成绩，再用另一个函数求出平均分最高的学生并输出该学生的数据。要求每个学生的平均分和平均分最高的学生数据都在主函数中输出。

2. 编程，用结构体变量存放表 9-2 中的数据，然后输出每个人的姓名和实发工资（基本工资+浮动工资-支出）。

表 9-2　工资明细

| 姓名 | 基本工资 | 浮动工资 | 支出 |
|---|---|---|---|
| zhao | 240.00 | 400.00 | 75.00 |
| qian | 360.00 | 120.00 | 50.00 |
| sun | 560.00 | 0.00 | 80.00 |

　　3. 时间换算：用结构体类型表示时间内容（时间以时、分、秒表示），输入一个时间数值，再输入一个秒数 n（n<60），以 h:m:s 的格式输出该时间再过 n 秒后的时间值（超过 24 点就从 0 点开始计时）。试编写相应程序。

　　4. 复数运算：用结构体类型表示复数类型（包括实部和虚部），编写一个自定义函数计算两个复数的和，编写另一个自定义函数计算两个复数的差。要求在主函数中输入这两个复数，并在主函数中输出它们的和与差。

　　5. 建立一个通信录，通信录里每个联系人的信息包括姓名、生日、电话号码；其中生日又包括三项信息：年、月、日。编写程序，定义一个嵌套的结构体类型表示联系人类型，输入并输出 n（n<10）个联系人的信息。

# 第 10 章　文　件　操　作

知识要点

➤　文件的基本概念以及存储方式。

➤　文本文件和二进制文件。

➤　文件的打开与关闭操作。

➤　文件的数据读取与写入操作。

➤　文件数据的处理方式。

文件系统是操作系统的重要组成部分,是其提供的重要功能。通常,程序在运行过程中将要处理的数据保存在变量中。当一个程序运行完成或终止运行时,程序中的变量占用的内存空间将被释放并被操作系统回收,数据不再保存;下次运行程序若还需处理这些数据,则需重新输入,非常不方便。一般的程序中都有数据的输入、输出,如果输入、输出的数据量不大,通过键盘和显示器就可以解决;当要输入的数据量较大时,每次重新从键盘输入数据将占用大量时间,也非常不方便。要解决这个问题,使用文件保存数据是有效的解决办法。将数据存储到文件中,既可以使数据得到长久保存,也可以使数据一次输入、多次使用成为可能。

## 10.1　文件的存储和调用

在操作系统中,文件通常指驻留在外部介质(如磁盘等)中的一个有序数据集,可以是程序文件(包括源文件、目标程序文件、可执行文件等),也可以是数据文件(包括待输入的数据文件,或者一组运算结果的输出文件)。操作系统是以文件为单位对数据进行管理的,也就是说,如果想找存放在外部介质中的数据,必须先按文件名找到所指定的文件,然后从该文件中读取数据。要在外部介质中存储数据,也必须先建立一个文件,才能向它输出数据。

先来看一个使用文件存储数据的例子。

【例 10-1】将一个整型数组中的数据保存到文件中。

【程序代码】

```
1  #include<stdio.h>
2  #include <stdlib.h>
3  #define MAX 50
4
5  int  main()
6  {
```

```
7       int count,array[MAX];
8       FILE *fp;
9
10      for(count = 0;count<MAX;count++)
11        array[count] = count * 10;
12
13      if((fp = fopen("datafile.txt","w"))==NULL)
14      {
15        printf("Error opening file.\n");
16        exit(1);
17      }
18
19      for(count = 0;count<MAX;count++)
20      {
21        if(count%10==0)  printf("\n");
22        printf("%5d",array[count]);
23        if(count%10==0)  fprintf(fp,"\n");
24        fprintf(fp,"%5d",array[count]);
25      }
26      printf("\n");
27      fclose(fp);
28      return 0;
29    }
```

【运行结果】

屏幕上将会输出下列数据：

```
  0   10   20   30   40   50   60   70   80   90
100  110  120  130  140  150  160  170  180  190
200  210  220  230  240  250  260  270  280  290
300  310  320  330  340  350  360  370  380  390
400  410  420  430  440  450  460  470  480  490
```

同时，在程序文件所在的文件目录中将会建立一个名为"datafile.txt"的文件，内容如下：

```
datafile.txt - 记事本
文件(F)  编辑(E)  格式(O)  查看(V)  帮助(H)

  0   10   20   30   40   50   60   70   80   90
100  110  120  130  140  150  160  170  180  190
200  210  220  230  240  250  260  270  280  290
300  310  320  330  340  350  360  370  380  390
400  410  420  430  440  450  460  470  480  490
```

【程序注解】

（1）程序中第 10、11 行的 for 语句的作用是为整型数组元素赋值。

（2）要操作文件，必须通过文件指针进行，程序代码中的第 8 行就定义了一个文件指针 fp。

（3）程序中第 13～17 行语句的作用是，用 fopen()函数打开当前目录中名为"datafile.txt"的文件。若该函数的返回值为 NULL，则表示文件打开失败，将给出提示信息，并用 exit()函数退出程序。若打开文件成功，则将对应的文件缓冲区的指针保存到文件指针变量 fp 中，后面就可以通过 fp 操作该文件。

（4）程序中第 19～25 行的 for 语句的作用是，将整型数组元素依次输出到屏幕，并保存到文件中。第 22 行是输出一个数组元素的值到屏幕，第 24 行是输出一个数组元素的值到文件，通过比较会发现，fprintf()函数的用法与 printf()函数的用法类似，不同点是多了一个参数（第一个参数），该参数就是要操作的文件指针。

（5）程序中第 27 行的作用是关闭文件。fopen()函数和 fclose()函数是操作文件时必须要用到的两个最基本的函数，具体用法将在 10.2 节介绍。

### 10.1.1　文件名

每个磁盘文件都有名称，在处理磁盘文件时，必须使用文件名。文件名是一个文件的唯一标识，用于用户识别和引用。完整的文件标识通常包括 3 部分：文件路径、文件名和文件后缀，如图 10-1 所示。

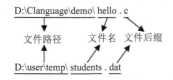

图 10-1　文件标识的组成

其中，文件路径表示文件所在的驱动器/目录。如果引用文件名时没有提供路径，则默认该文件在系统指定的当前目录中。在 Windows 系统中，使用反斜杠"\"将路径中的目录隔开。在 C 语言中，反斜杠被用于字符串中时有特殊含义；要表示反斜杠本身，必须在前面再加上一个反斜杠。因此，在 C 程序中，应按如下方式表示文件名：

```
char filename[20]="c:\\data\\list.txt";
```

然而，在运行程序期间使用键盘输入文件名时，只需输入一个反斜杠即可。

文件名是文件标识的主要部分，通常要遵循标识符的命名规则。文件后缀用来表示文件的性质，一般不超过 3 个字母。例如，Word 文件的后缀是 doc、docx，文本文件的后缀是 txt，C 源程序文件的后缀是 c，C++源程序文件的后缀是 cpp，可执行文件的后缀是 exe 等。文件名与文件后缀之间用"."分隔。为方便起见，通常会把文件标识也简称为文件名，但应了解此文件名实际上也包含以上 3 个部分。

### 10.1.2　文件的分类

前面讲过，文件可以是程序文件，也可以是数据文件。本章主要讨论数据文件。

在 C 语言中，按数据存储的编码形式，数据文件可以分为文本文件和二进制文件两种。C 语言把文件看作数据流，并将数据按顺序以一维方式组织存储。根据数据存储的形式，文本的数据流又分为字符流和二进制流，前者被称为文本文件（或字符文件），后者被称为二进制文件。文本文件是以字符的 ASCII 码值进行存储和编码的文件，其文件的内容就是字符。

例如，整数 5678 的存储形式如下：

ASCII 码：　00110101　　00110110　00110111　　00111000

　　　　　　　　↓　　　　　↓　　　　↓　　　　↓

十进制码：　　　5　　　　　6　　　　7　　　　8

　　整数 5678 在文本文件中共占用 4 字节。

　　ASCII 码文件可在屏幕上按字符显示，如用编辑软件打开数据文件，则看到里面的数据是 5678。由于是按字符显示的，因此能读懂文本文件的内容。但一般占存储空间较多，而且要花费转换时间（二进制形式与 ASCII 码之间的转换需要花费时间）。

　　二进制文件是按二进制编码方式来存放文件的。例如，整数 5678 的存储形式为：00010110 00101110。整数 5678 在二进制文件中只占 2 字节。

　　二进制文件虽然可以在屏幕上显示，但其内容无法读懂。使用二进制形式存取数据时，由于无须转换，因此文件读写速度通常比文本文件要快。

　　对于具体的数据要选择哪一种文件进行存储，应该视需要解决的问题来决定。例如，程序运行过程中用到的中间数据若需要多次调入内存中参与运算，则通常会保存成二进制文件。程序运行的结果数据有可能需要用另外的工具或软件查看或处理，则通常保存成文本文件。

　　无论是文本文件还是二进制文件，C 系统在处理这些文件时并不区分类型，都按字节进行处理，不受行的限制，通常也不会自动加分隔符。输入、输出字符流的开始和结束只由程序控制，而不受物理符号（如回车符）的控制，因此也把这种文件称作"流式文件"。

### 10.1.3　文件缓存区

　　通过文件操作在内存与磁盘文件间进行数据交流时，需要使用"缓冲文件系统"。所谓缓冲文件系统，指系统自动地在内存区为程序中每一个正在使用的文件开辟一个文件缓冲区。当需要将程序中的内存数据保存到文件中时，需先将这些数据装入对应文件的缓冲区，缓冲区满（或强制刷新）时才将数据一起送到文件中去。同理，当程序需要从文件中读入数据时，也需先把数据送到缓冲区，然后从缓冲区逐个送入程序数据区（给程序中的变量）。如图 10-2 所示，缓冲区的大小由系统确定。

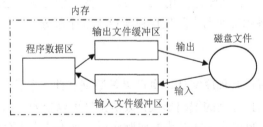

图 10-2　文件缓冲区的工作方式

### 10.1.4　文件指针

　　在 C 语言中，用一个指针变量指向一个文件，这个指针被称为文件指针。通过文件指针就可以对它所指的文件进行各种操作。

定义说明文件指针的一般形式如下：

```
FILE * 指针变量标识符;
```

其中，FILE 应为大写，它实际上是一个由系统定义的结构体类型，该结构体中含有文件名、文件状态和文件当前位置等信息。其定义如下：

```
typedef struct
{ short level;                /*缓冲区"满"或"空"的程度*/
  unsigned flags;            /*文件状态标志*/
  char fd;                   /*文件描述符*/
  unsigned char hold;        /*如无缓冲区则不读取字符*/
  short bsize;               /*缓冲区的大小*/
  unsigned char *buffer;     /*数据缓冲区的位置*/
  unsigned char *curp;       /*指针，当前的指向*/
  unsigned istemp;           /*临时文件，指示器*/
  short token;               /*用于有效性检查*/
} FILE;
```

在编写源程序时，不必关心 FILE 结构的细节，只需定义 FILE 类型的指针即可。例如，"FILE *fp;"表示 fp 是指向 FILE 结构的指针变量，通过 fp 即可找到存放某个文件信息的结构变量，然后按结构变量提供的信息找到该文件，对文件实施操作。习惯上也笼统地把 fp 称为指向一个文件的指针。

# 10.2　文件的打开和关闭

在对文件进行读写操作之前要先将其打开，使用完毕要关闭。创建与磁盘文件相关联的流被称为打开文件，实际上是建立文件的各种有关信息，并使文件指针指向该文件，以便进行其他操作。关闭文件则是指断开文件指针与文件之间的联系，即禁止再对该文件进行操作。

在 C 语言中，文件操作都是由库函数来完成的。本节主要介绍用于文件打开和关闭操作的 fopen()和 fclose()函数。

## 10.2.1　文件的打开

fopen()函数用来打开一个文件，其头文件为"stdio.h"，该函数的原型如下：

```
FILE *fopen(const char *fname, const char *mode);
```
即其调用的一般形式为

```
文件指针名=fopen(文件名,使用文件方式);
```
其中，"文件指针名"必须是被说明为 FILE 类型的指针变量；"文件名"是被打开文件的文件名，该"文件名"可以是字符串常量或字符串数组；"使用文件方式"指文件的类型和操作要求。

例如：

```
FILE *fp;
fp = fopen("datafile.txt","w");
```
其意义是在当前目录下打开文本文件 datafile.txt，只允许进行"读"操作，并使 fp 指向该文件。

又如：

```
FILE *fphzk
fphzk=("C:\\hzk16","rb");
```

其意义是打开 C 驱动器磁盘的根目录下的文件 hzk16，这是一个二进制文件，只允许按二进制方式进行读操作。两个反斜线"\\"中的第一个表示转义字符，第二个表示根目录。

使用文件的方式共有 12 种，表 10-1 给出了它们的符号和意义。

表 10-1　文件使用方式和意义

| 文件使用方式 | 意义 |
| --- | --- |
| r 或 rt | 以只读方式打开一个文本文件，只允许读数据 |
| w 或 wt | 以只写方式打开或建立一个文本文件，只允许写数据 |
| a 或 at | 以追加方式打开一个文本文件，并在文件末尾写数据 |
| rb | 以只读方式打开一个二进制文件，只允许读数据 |
| wb | 以只写方式打开或建立一个二进制文件，只允许写数据 |
| ab | 以追加方式打开一个二进制文件，并在文件末尾写数据 |
| r+或 rt+ | 以读写方式打开一个文本文件，允许读和写 |
| w+或 wt+ | 以读写方式打开或建立一个文本文件，允许读和写 |
| a+或 wt+ | 以读写方式打开一个文本文件，允许读，或在文件末追加数据 |
| rb+ | 以读写方式打开一个二进制文件，允许读和写 |
| wb+ | 以读写方式打开或建立一个二进制文件，允许读和写 |
| ab+ | 以读写方式打开一个二进制文件，允许读，或在文件末追加数据 |

对于文件使用方式，有以下几点说明。

（1）文件使用方式由 r、w、a、t、b、+六个字符拼成，各字符的含义如下：

- r（read）：读；
- w（write）：写；
- a（append）：追加；
- t（text）：文本文件，可省略不写；
- b（banary）：二进制文件；
- +：读和写。

（2）用"r"打开一个文件时，该文件必须已经存在，且只能从该文件读取数据。

（3）用"w"打开文件时，只能向该文件写入内容。若打开的文件不存在，则以指定的文件名建立该文件；若打开的文件已经存在，则将该文件删去，重建一个新文件。

（4）若要向一个已存在的文件追加新的信息，则只能用"a"方式打开文件。但此时该文件必须是存在的，否则将会出错。

（5）如果由于文件不存在等原因造成不能打开文件，则调用 fopen()函数后将返回一个空指针值 NULL。在程序中，可以用这一信息来判别是否完成打开文件的工作，并做相应的处理。因此常用以下程序段打开文件：

```
if((fp=fopen("C:\\hzk16","rb")==NULL)
{
```

```
        printf("\nerror on open C:\\hzk16 file!");
        getch();
        exit(1);
    }
```

这段程序的意义是，如果返回的指针为空，表示不能打开 C 盘根目录下的 hzk16 文件，则给出提示信息"error on open C:\ hzk16 file!"，下一行 getch()的功能是从键盘输入一个字符，但不在屏幕上显示。在这里，该行的作用是等待，只有当用户从键盘单击任一键时，程序才继续执行，因此用户可利用这个等待时间阅读出错提示。单击键后执行 exit(1)退出程序。一般 exit(0)表示程序正常退出，exit(非零值)表示程序出错后退出。

（6）把一个文本文件读入内存时，要将 ASCII 码转换成二进制码，而把文件以文本方式写入磁盘时，也要把二进制码转换成 ASCII 码，因此文本文件的读写要花费较多的转换时间。对二进制文件的读写不存在这种转换。

（7）标准输入文件（键盘）指针 stdin、标准输出文件（显示器）指针 stdout、标准出错输出（出错信息）指针 stderr 是由系统打开的，可直接使用。

### 10.2.2　文件的关闭

文件一旦使用完毕，应该用文件关闭函数 fclose()把文件关闭，避免文件的数据丢失等。

fclose()函数调用的一般形式如下：

```
    fclose(文件指针);
```

例如：

```
    fclose(fp);
```

正常完成关闭文件操作时，fclose()函数的返回值为 0。如返回非零值，则表示有错误。

# 10.3　文件的读写操作

对文件的读和写是最常用的文件操作。C 语言提供了多种文件读写的函数，如下所示。

- 字符读写函数：fgetc()和 fputc()；
- 字符串读写函数：fgets()和 fputs()；
- 数据块读写函数：freed()和 fwrite()；
- 格式化读写函数：fscanf()和 fprinf()。

下面分别进行介绍。使用以上函数都要求包含头文件 stdio.h。

### 10.3.1　字符读写函数 fgetc()和 fputc()

字符读写函数是以字符（字节）为单位的读写函数。每次都可从文件读出或向文件写入一个字符。

1. 读字符函数 fgetc()

fgetc()函数的功能是从指定的文件中读一个字符，函数调用的形式如下：

```
字符变量=fgetc(文件指针);
```

例如：

```
ch=fgetc(fp);
```

其意义是从打开的文件 fp 中读取一个字符，并送入 ch 中。

对于 fgetc()函数的使用，有以下几点说明。

（1）在 fgetc()函数调用中，读取的文件必须是以读或读写方式打开的。

（2）读取字符的结果也可以不向字符变量赋值，如"fgetc(fp);"，但是读出的字符不能保存。

（3）在文件内部有一个位置指针，用来指向文件的当前读写字节。在文件打开时，该指针总是指向文件的第一个字节。使用 fgetc()函数后，该位置指针将向后移动 1 字节。因此可连续多次使用 fgetc()函数，读取多个字符。应注意文件指针和文件内部的位置指针不是一回事。文件指针是指向整个文件的，需在程序中定义说明，只要不重新赋值，文件指针的值就是不变的。文件内部的位置指针用来指示文件内部的当前读写位置，每读写一次，该指针均向后移动，无须在程序中定义说明，而是由系统自动设置。

【例 10-2】读入文件 c1.txt，并在屏幕上输出。

【程序代码】

```
1  #include<stdio.h>
2  #include <stdlib.h>
3  int main()
4  {
5    FILE *fp;
6    char ch;
7
8    if((fp=fopen("d:\\example\\c1.txt","r"))==NULL)
9    {
10     printf("\nCannot open file, strike any key exit!");
11     getchar();
12     exit(1);
13   }
14   ch=fgetc(fp);
15   while(ch!=EOF)
16   {
17     putchar(ch);
18     ch=fgetc(fp);
19   }
20   fclose(fp);
21   return 0;
22 }
```

【程序注解】

（1）本例程序的功能是从文件中逐个读取字符，在屏幕上显示。程序中的第 5 行定义了文件指针 fp，第 8 行以读文本文件方式打开文件 "d:\\example\\c1.txt"，并使 fp 指向该文件。如打开文件出错，则给出提示并退出程序。

（2）程序中的第 12 行先读出一个字符，然后进入循环，只要读出的字符不是文件结束标志（每个文件末都有一个结束标志 EOF），就把该字符显示在屏幕上，再读入下一个字符。每读一次，文件内部的位置指针都向后移动一个字符。文件结束时，该指针指向 EOF。执行本程序将显示整个文件。

2. 写字符函数 fputc()

fputc()函数的功能是把一个字符写入指定的文件，函数调用的形式如下：

```
fputc(字符量,文件指针);
```

其中，待写入的字符量可以是字符常量或变量，例如：

```
fputc('a',fp);
```

其意义是把字符 a 写入 fp 所指向的文件。

对于 fputc()函数的使用，也要说明以下几点。

（1）被写入的文件可以用写、读写、追加方式打开，用写或读写方式打开一个已存在的文件时，将清除原有的文件内容，写入字符从文件首开始。如需保留原有文件内容，希望写入的字符在文件末开始存放，则必须以追加方式打开文件。被写入的文件若不存在，则创建该文件。

（2）每写入一个字符，文件内部的位置指针就向后移动 1 字节。

（3）fputc()函数有一个返回值，如写入成功，则返回写入的字符；否则，返回一个EOF。可通过此功能来判断写入是否成功。

【例 10-3】从键盘输入一行字符，写入一个文件，再把该文件内容读出并显示在屏幕上。

【程序代码】

```
1  #include<stdio.h>
2  #include <stdlib.h>
3  int main()
4  {
5      FILE *fp;
6      char ch;
7      if((fp=fopen("d:\\ example\\string1.txt","wt+"))==NULL)
8      {
9          printf("Cannot open file,please strike any key exit!");
10         getchar();
11         exit(1);
12     }
13     printf("input a string:\n");
14     ch=getchar();
15     while (ch!='\n')
16     {
17         fputc(ch,fp);
18         ch=getchar();
19     }
```

```
20    rewind(fp);
21    ch=fgetc(fp);
22    while(ch!=EOF)
23    {
24        putchar(ch);
25        ch=fgetc(fp);
26    }
27    printf("\n");
28    fclose(fp);
29    return 0;
30  }
```

**【程序注解】**

程序中的第 7 行以读写文本文件的方式打开文件 **string1.txt**。程序中的第 14 行从键盘读入一个字符后进入循环，当读入字符不是回车符时，则把该字符写入文件，然后继续从键盘读入下一字符。每输入一个字符，文件内部的位置指针就向后移动 1 字节。写入完毕，该指针已指向文件末。如要把文件从头读出，需把指针移向文件头，程序中的第 20 行 rewind()函数用于把 fp 所指文件的内部位置指针移到文件头。第 21～26 行用于读出文件中的一行内容。

### 10.3.2 字符串读写函数 fgets()和 fputs()

**1. 读字符串函数 fgets()**

可以使用读字符串函数 fgets()从指定的文件中读一个字符串到字符数组中，该函数原型如下：

```
char *fgets( char *str, int num, FILE *fp);
```

其中，str 为字符数组名或字符数组的指针；num 是一个正整数，表示从文件中读出的字符串不超过 num-1 个字符。在读入最后一个字符后加上串结束标志'\0'。例如"fgets(str,n,fp);"，该语句的意义是从 fp 所指的文件中读出 n-1 个字符并送入字符数组 str 中。

**【例 10-4】** 从 string 文件中读入一个含 10 个字符的字符串。

**【程序代码】**

```
1   #include<stdio.h>
2   #include <stdlib.h>
3   int main()
4   {
5       FILE *fp;
6       char str[11];
7       if((fp=fopen("d:\\example\\string1.txt","rt"))==NULL)
8       {
9           printf("\nCannot open file, strike any key exit!");
10          getchar();
11          exit(1);
12      }
13      fgets(str,11,fp);
```

```
14      printf("\n%s\n",str);
15      fclose(fp);
16      return 0;
17  }
```

**【程序注解】**

本例定义了一个共 11 字节的字符数组 str，在以读文本文件方式打开文件 string 后，先从中读出 10 个字符送入 str 数组，在数组最后一个单元内将加上 '\0'；然后在屏幕上显示输出 str 数组。输出的 10 个字符正是例 10-3 中输入的前 10 个字符。

对 fgets()函数有以下两点说明。

（1）在读出 n-1 个字符之前，如遇到换行符或 EOF，则读出结束。

（2）fgets()函数也有返回值，其返回值是字符数组的首地址。

**2. 写字符串函数 fputs()**

可以使用写字符串函数 fputs()向指定的文件写入一个字符串，其函数原型如下：

```
int fputs( const char *str, FILE *fp );
```

其中，字符串 str 可以是字符串常量，也可以是字符数组名，或指针变量，如 "fputs("abcd",fp);"，其意义是把字符串 "abcd" 写入 fp 所指的文件。

**【例 10-5】**在例 10-3 建立的文件 string1.txt 中追加一个字符串。

**【程序代码】**

```
1   #include<stdio.h>
2   #include <stdlib.h>
3   int main()
4   {
5     FILE *fp;
6     char ch,st[20];
7     if((fp=fopen("string1.txt","at+"))==NULL)
8     {
9        printf("Cannot open file strike any key exit!");
10       getchar();
11       exit(1);
12    }
13    printf("input a string:\n");
14    scanf("%s",st);
15    fputs(st,fp);
16    rewind(fp);
17    ch=fgetc(fp);
18    while(ch!=EOF)
19    {
20       putchar(ch);
21       ch=fgetc(fp);
22    }
23    printf("\n");
24    fclose(fp);
25    return 0;
26  }
```

**【程序注解】**

本例要求在 string1.txt 文件末加写字符串,因此,先在程序的第 7 行以追加读写文本文件的方式打开文件 string1.txt;然后输入字符串,并用 fputs()函数把该字符串写入文件 string1.txt。在程序的第 16 行用 rewind()函数把文件内部的位置指针移到文件首;再进入循环,逐个显示当前文件中的全部内容。

### 10.3.3 数据块读写函数 fread()和 fwrite()

C 语言还提供了用于整块数据的读写函数,可用来读写一组数据,如一个数组元素、一个结构变量的值等。

读数据块函数 fread()调用的函数原型如下:

```
int fread(void *buffer, size_t size, size_t count, FILE * fp);
```

写数据块函数 fwrite()调用的函数原型如下:

```
int fwrite(const void *buffer, size_t size, size_t count, FILE * fp);
```

其中,buffer 是一个指针,在 fread()函数中,它表示存放输入数据的首地址。在 fwrite()函数中,它表示存放输出数据的首地址。size 表示每个数据块的字节数。count 表示要读写的数据块块数。fp 表示文件指针。

例如,"fread(fa,4,5,fp);",其意义是从 fp 所指的文件中,每次读 4 字节(一个实数)送入实数组 fa 中,连续读 5 次,即读 5 个实数到 fa 中。

**【例 10-6】** 从键盘输入 3 个学生数据,写入一个文件中,再读出这 3 个学生的数据显示在屏幕上。

**【程序代码】**

```
1   #include<stdio.h>
2   #include <stdlib.h>
3   typedef struct student
4   {
5     char name[10];
6     int num;
7     int age;
8     char addr[15];
9   }STU;
10  int main()
11  {
12    FILE *fp;
13    char ch;
14    int i;
15    STU stua[3],stub[3],*pp,*qq;
16    pp=stua;
17    if((fp=fopen("d:\\example\\stu_list.dat","wb+"))==NULL)
18    {
19      printf("Cannot open file strike any key exit!");
20      getchar();
21      exit(1);
22    }
23    printf("\ninput data\n");
```

```
24    for(i=0;i<3;i++,pp++)
25        scanf("%s%d%d%s",pp->name,&pp->num,&pp->age,pp->addr);
26    pp=stua;
27    fwrite(pp,sizeof(STU),3,fp);
28    rewind(fp);
29    qq=stub;
30    fread(qq,sizeof(STU),3,fp);
31    printf("\n\nname\tnumber age addr\n");
32    for(i=0;i<3;i++,qq++)
33        printf("%s\t%5d%7d %s\n",qq->name,qq->num,qq->age,qq->addr);
34    fclose(fp);
35    return 0;
36  }
```

【程序注解】

本例程序定义了一个结构体类型 STU，并定义了两个结构体数组 stua 和 stub，以及两个结构体指针变量 pp 和 qq。pp 指向 stua，qq 指向 stub。程序的第 17 行以读写方式打开二进制文件"stu_list.dat"，输入 3 个学生数据之后，写入该文件；然后把文件内部的位置指针移到文件首，读出 3 个学生数据后，在屏幕上显示。

### 10.3.4 格式化读写函数 fscanf()和 fprintf()

fscanf()函数和 fprintf()函数与前面使用的 scanf()函数和 printf()函数的功能相似，都是格式化读写函数。它们的区别在于，fscanf()函数和 fprintf()函数的读写对象不是键盘和显示器，而是磁盘文件。

这两个函数的调用格式如下：

```
fscanf(文件指针,格式字符串,输入表列);
fprintf(文件指针,格式字符串,输出表列);
```

例如：

```
fscanf(fp,"%d%s",&i,s);
fprintf(fp,"%d%c",j,ch);
```

用 fscanf()函数和 fprintf()函数也可以完成例 10-6 的问题，修改后的程序如例 10-7 所示。

【例 10-7】用 fscanf()和 fprintf()函数完成例 10-6 的问题。

【程序代码】

```
1  #include<stdio.h>
2  #include <stdlib.h>
3  typedef struct student
4  {
5      char name[10];
6      int num;
7      int age;
8      char addr[15];
9  }STU;
10  int main()
11  {
12      FILE *fp;
```

```
13    char ch;
14    int i;
15    STU stua[3],stub[3],*pp,*qq;
16    pp=stua;
17    if((fp=fopen("stu_list.txt","w+"))==NULL)
18    {
19        printf("Cannot open file strike any key exit!");
20        getchar();
21        exit(1);
22    }
23    printf("\ninput data\n");
24    for(i=0;i<3;i++,pp++)
25        scanf("%s%d%d%s",pp->name,&pp->num,&pp->age,pp->addr);
26    pp=stua;
27    for(i=0;i<3;i++,pp++)
28        fprintf(fp,"%s %d %d %s\n",pp->name,pp->num,pp->age,pp->addr);
29    rewind(fp);
30    qq=stub;
31    for(i=0;i<3;i++,qq++)
32        fscanf(fp,"%s%d%d%s",qq->name,&qq->num,&qq->age,qq->addr);
33    printf("\n\nname\tnumber age addr\n");
34    qq=stub;
35    for(i=0;i<3;i++,qq++)
36        printf("%s\t%5d%7d %s\n",qq->name,qq->num,qq->age,qq->addr);
37    fclose(fp);
38    return 0;
39 }
```

**【程序注解】**

与例 10-6 相比，本例程序中的 fscanf()函数和 fprintf()函数每次都只能读写一个结构数组元素，因此采用循环语句来读写全部数组元素。还要注意，由于循环改变了指针变量 pp、qq 的值，因此在程序的第 26 和 34 行分别对它们重新赋予了数组的首地址。

# 10.4　文件的其他操作

## 10.4.1　文件的随机读写

前面介绍的对文件的读写方式都是顺序读写，即读写文件只能从头开始，按顺序读写各个数据。但在实际问题中，常要求只读写文件中某一指定的部分。为了解决这个问题，可移动文件内部的位置指针到需要读写的位置，再进行读写，这种读写被称为随机读写。

实现随机读写的关键是按要求移动位置指针，这被称为文件的定位。

移动文件内部的位置指针的函数主要有两个，即 rewind()函数和 fseek()函数。rewind()函数前面已多次使用过，其调用形式如下：

```
rewind(文件指针);
```

它的功能是把文件内部的位置指针移到文件首。

下面主要介绍 fseek()函数。fseek()函数用来移动文件内部的位置指针，其函数原型如下：

```
int fseek( FILE *fp, long offset, int origin );
```

其中，文件指针"fp"指向被移动的文件。位移量"offset"表示移动的字节数，要求位移量是 long 型数据，以便在文件长度大于 64KB 时不会出错。当用常量表示位移量时，要求加后缀"L"。起始点"offset"表示从何处开始计算位移量，规定的起始点有 3 种：文件首、当前位置和文件尾。起始点的表示方法如表 10-2 所示。

表 10-2　起始点的表示方法

| 起始点 | 表示符号 | 数字表示 |
| --- | --- | --- |
| 文件首 | SEEK_SET | 0 |
| 当前位置 | SEEK_CUR | 1 |
| 文件尾 | SEEK_END | 2 |

例如，"fseek(fp,100L,0);"，其意义是把位置指针移到离文件首 100 字节处。还要说明的是，fseek()函数一般用于二进制文件。在文本文件中，由于要进行转换，故往往计算的位置会出现错误。

【例 10-8】在学生文件 stu_list 中读出第二个学生的数据。

【程序代码】

```
1  #include<stdio.h>
2  #include <stdlib.h>
3  typedef struct student
4  {
5    char name[10];
6    int num;
7    int age;
8    char addr[15];
9  }STU;
10 int main()
11 {
12   FILE *fp;
13   char ch;
14   int i=1;
15   STU stu1,*qq;
16   if((fp=fopen("d:\\example\\stu_list.dat","rb"))==NULL)
17   {
18     printf("Cannot open file strike any key exit!");
19     getchar();
20     exit(1);
21   }
22   qq=&stu1;
23   rewind(fp);
24   fseek(fp,i*sizeof(STU),1);
25   fread(qq,sizeof(STU),1,fp);
```

```
26    printf("\n\nname\tnumber age addr\n");
27    printf("%s\t%5d%7d %s\n",qq->name,qq->num,qq->age,qq->addr);
28    fclose(fp);
29    return 0;
30 }
```

**【程序注解】**

文件 stu_list.dat 已由例 10-6 的程序建立，本例程序用随机读出的方法读出第二个学生的数据。程序中定义 stu1 为 STU 类型变量，qq 为指向 stu1 的指针。以读二进制文件方式打开文件，程序的第 22 行移动文件位置指针。其中的 i 值为 1，表示从文件头开始移动一个 STU 类型的长度，然后读出的数据即第二个学生的数据。

### 10.4.2 文件检测函数

在 C 语言中，常用的文件检测函数有以下几个。

（1）文件结束检测函数 feof()，函数原型如下：

```
int feof(FILE *fp);
```

功能：判断文件是否处于文件结束位置，如文件结束，则返回值为 1，否则为 0。

（2）读写文件出错检测函数 ferror()，函数原型如下：

```
int ferror (FILE *fp);
```

功能：检查文件在用各种输入输出函数进行读写时是否出错。如 ferror()函数返回值为 0 则表示未出错，否则表示出错。

（3）文件出错标志和文件结束标志置 0 函数 clearerr()，函数原型如下：

```
void clearerr(FILE * fp);
```

功能：用于清除出错标志和文件结束标志，使它们为 0 值。

## 本 章 小 结

许多可供实际应用的 C 程序包含了文件处理。通常会将大批数据存放在磁盘上，在程序运行过程中，从磁盘上读入数据到内存中；程序处理完这些数据后，再将处理结果保存到磁盘上。要进行文件操作，需要使用文件类型（FILE 类型）的指针变量进行操作。进行文件处理时，通常需要先用 fopen()函数打开相关文件，然后使用文件读写函数进行数据读写，从而实现内存与磁盘间数据的交换。文件使用完后，需使用 fclose()函数关闭文件。

## 习 题

### 一、基础巩固

1. 编一个程序，将磁盘中当前目录下名为"ccw1.txt"的文本文件复制到同一目录下，文件名改为"ccw2.txt"。

2. 有两个磁盘文件"fileA.txt"和"fileB.txt"，各存放了一行字母，现要求把这两个文件中的信息合并后按字母顺序排列,并保存到一个新文件"fileC.txt"中。

3. 编一个程序,输入一个正整数 n(50≤n≤100),使用随机数函数生成 n 个整数,将这 n 个整数保存到文件"data1.txt"中,并用选择法对这 n 个整数进行排序,再将排序后的 n 个整数保存到文件"sorteddata.txt"中。

## 二、能力提升

1. 有 5 个学生,每个学生的信息包括学号、姓名、数学成绩、英语成绩、C 语言成绩。编写一个自定义函数录入 5 个学生的信息,再编写一个函数将 5 个学生的信息保存到文件"studata.txt"中。编写第三个自定义函数,从文件中读取这 5 个学生的信息,并在屏幕上输出。

2. 账户余额管理:创建一个随机文件,用来存储银行账户和余额信息,程序要求能够查询某个账户的余额,当客户发生交易额时(正数表示存入,负数表示取出)能够更新余额。账户信息包括账户编号、账户名和余额三个数据项。试编写相应程序。

# 第 11 章　综合应用案例：银行 ATM 模拟程序

## 1. 问题描述

银行 ATM 模拟程序是模拟银行 ATM 工作原理的一款程序，用于帮助学习者理解银行用户在 ATM 上进行存款、取款、查询余额、修改密码、查看账单明细等操作时，计算机是如何进行处理的。程序要处理的信息包括账户信息和账单明细信息。每个账户信息都包括账号、账户名、密码、余额和账单文件名等数据。每个账单明细信息都包括交易时间、交易类型、交易金额、当前账户余额等数据。所有账户信息都存储在数据文件"accounts.txt"中，程序运行时将从文件中加载。当前账户的交易信息将以追加的方式存储在以账户命名的文本文件中，当用户需要查看账单信息时，则从文件中读入并显示在屏幕上。数据存储结构使用数组来实现，即账户信息用一个结构体数组来存储。

演示程序以人机交互方式进行，即在屏幕上显示所有功能菜单列表，当用户从键盘输入菜单选项时，程序执行相应的功能并输出结果。

## 2. 问题分析与需求定义

根据问题描述，下面给出银行 ATM 模拟程序的数据需求定义和功能定义。

（1）数据需求。准备若干账户信息，可存储在文件中，例如：

| 账号 | 账户名 | 密码 | 余额 |
|---|---|---|---|
| 20172032 | 王志冉 | 123456 | 1000 |
| 20172061 | 陆泳吉 | 123456 | 2000 |
| ⋮ | | | |
| 20180506 | 李四 | 666666 | 4500 |
| 20180507 | 张三 | 654321 | 3500 |

（2）功能需求。模拟 ATM 上的主要功能。

- 登录功能：输入账号（模拟插卡），读取账户信息并进行密码验证。
- 存、取款功能：输入存、取款金额，更新账户余额信息和账单明细信息。
- 查询余额功能：显示当前余额信息。
- 修改密码功能：输入旧密码和新密码（2 次），更新账户密码信息。
- 查看账单功能：显示所有交易详细信息。
- 退卡功能：结束程序。

## 3. 系统设计

（1）数据结构设计。根据需求分析，需定义账户信息和账单明细信息两种类型，定义如下：

```
//定义账户信息
typedef struct bankAccountn
{
    int id;                 //账号
    char name[32];          //账户名
    int password;           //密码
    int balance;            //余额
    char billFile[32];      //账单文件名
}BAN;
```

对于当前用户，需通过账号和密码验证其是否存在，所以若有 *N* 个账户信息，可以将其存放在一个结构体数组中，数组说明如下：

```
BAN acc[AMOUNT];            //用于存放所有账户信息的结构体数组
//定义账单明细信息
typedef struct billingDetails
{
    time_t time_second;     //交易时间
    b_state bill_state;     //交易类型
    int money;              //交易金额
    int balance;            //当前账户余额
}billingDetails;
```

其中，交易类型包括取款、存款、转账、缴费 4 种，所以可定义为枚举类型：

```
//枚举交易类型
typedef enum b_state{QU=1,CUN,ZHUAN,JIAO}b_state;
```

（2）功能设计，主要包括以下功能。

- 登录功能：
    - 初始化账户信息：从文件中读入所有账户信息；
    - 登录信息验证：输入账号和密码，通过比对验证其是否存在，密码不对则可重新输入，共有 3 次机会。
- 菜单显示功能：显示当前系统能提供的所有操作菜单。
- 更新记录功能：
    - 存、取款功能：输入存、取款金额，计算账户余额，更新账单明细信息；
    - 修改密码功能：输入旧密码和新密码（2 次），更新账户密码信息。
- 查看功能：
    - 余额查询：显示当前余额信息；
    - 查看账单：显示所有交易记录详细信息。
- 输出功能：
    - 保存账户信息：退卡时，将所有账户信息都保存到文件中；
    - 保存账单信息：当需要更新记录信息（存款、取款、修改密码）时，都以追加方式存储一条账单明细信息到文件中。

整个系统的功能模块如图 11-1 所示。

（3）函数列表。

- "int initAccounts(BAN acc[]);"：函数功能为初始化账户信息，从文件中读入所有账户信息，存储到数组 acc 中，函数返回读入的账户个数。函数参数为 acc，存储所有账户信息的数组名。

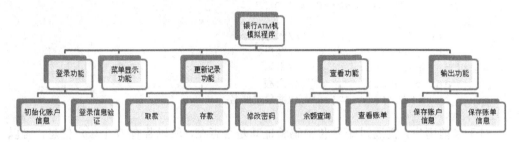

图 11-1　整个系统的功能模块

- "void display(BAN acc[], int n);"：函数功能为输出所有账户信息，该函数只在调试过程中使用。函数参数：acc，存储所有账户信息的数组名；n，所有账户的总个数。
- "int writeToFile(BAN acc[],int n); "：函数功能为将账户信息保存到文件"accounts.txt"中，函数返回存入的账户的个数。函数参数：acc，存储所有账户信息的数组名；n，所有账户的总个数。
- "int login(BAN acc[], int n);"：函数功能为账户登录，从键盘输入卡号，若对应账户存在，则显示账户名，并要求输入密码进行验证。密码正确则通过验证，登录成功，返回当前账户在数组中的下标；若登录失败，则返回-1。函数参数：acc，存储所有账户信息的数组名；n，所有账户的总个数。
- "void mainmenus();"：函数功能为显示功能菜单。无函数参数。
- "int qu_kuan(BAN acc[], int cur_amnt);"：函数功能为取款，输入取款金额，计算并显示当前账户余额，同时追加一条账单明细记录。若能取款，则函数返回1，否则函数返回 0。函数参数：acc，存储所有账户信息的数组名；cur_amnt，当前账户在数组中的下标。
- "int cun_kuan(BAN acc[], int cur_amnt);"：函数功能为存款，输入存款金额，计算并显示当前账户余额，同时追加一条账单明细记录。若能存款，则函数返回1，否则函数返回 0。函数参数：acc，存储所有账户信息的数组名；cur_amnt，当前账户在数组中的下标。
- "int yu_e(BAN acc[], int cur_amnt);"：函数功能为显示并返回当前账户余额。函数参数：acc，存储所有账户信息的数组名；cur_amnt，当前账户在数组中的下标。
- "int chang_pwd(BAN acc[], int cur_amnt);"：函数功能为修改密码，同时追加一条账单明细记录。要求输入旧密码和新密码（2 次），旧密码输入正确（有 3 次机会）且两次输入的新密码相同，则修改成功，否则修改失败。修改成功，则函数返回1，否则返回0。函数参数：acc，存储所有账户信息的数组名；cur_amnt，当前账户在数组中的下标。
- "void display_time(time_t tmpcal_ptr);"：函数功能为将以秒为单位存储的交易时间换算，并以"年.月.日　时:分:秒"的格式显示出来。函数参数：tmpcal_ptr，交易进行时的系统时间，以秒为单位。

- "int append_bill(BAN acc[], int cur_amnt, billingDetails onebill);"：函数功能为追加一条账单明细信息到文件中。成功追加记录则返回 1，否则返回 0。函数参数：acc，存储所有账户信息的数组名；cur_amnt，当前账户在数组中的下标；onebill，一条账单明细信息。
- "void display_bill(BAN acc[], int cur_amnt);"：函数功能为显示当前账户的所有账单明细信息。函数参数：acc，存储所有账户信息的数组名；cur_amnt，当前账户在数组中的下标。
- "int enterPwd();"：函数功能为输入 6 位整数密码，输入时为保护密码信息，屏幕上会显示"*"。函数返回输入的这个 6 位整数密码。无函数参数。

（4）主要算法设计（略）。

4. 调试分析

（1）本程序的模块划分比较合理，各模块实现的功能独立性较强，有些模块（如 enterPwd()函数、append_bill()函数）具有较好的可重用性，因此对单元模块的测试比较顺利。

（2）在设计登录函数 login()及修改密码函数 chang_pwd()时，开始设计的并没有密码保护功能，后来程序员在测试过程中发现这一问题，经查阅资料，学会了如何编程用 *替换输入的字符，从而达到密码保护的功能。另外，通过查阅资料，学会了如何读取系统时间，掌握了将时间按某种格式进行显示的方法。

（3）在调试过程中，发现有些模块有待进一步完善。如密码的类型可以设置为字符串类型，且需要在输入时进行密码保护。另外，可以进一步完善系统功能，如可以继续添加转账功能、实时缴费功能等。

（4）体会：通过菜单实现人机交互是一种好的编程习惯。尤其是在调试时，可以先写一个简单的主函数，逐个调用模块进行测试。在保证各个函数正确的基础上，再逐步完善主函数的功能。另外，调试时要善于利用 debug 工具和数据观察窗口，有助于尽快找到程序错误。

5. 测试结果

在编译环境中，运行程序，首先要求输入卡号（即账号）。若该账号存在，则显示欢迎信息，并要求确认周边环境并输入密码。

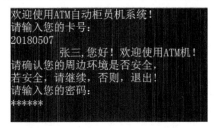

若密码输入不正确，则显示提示信息，要求重新输入，最多有 3 次输入机会。

```
欢迎使用ATM自动柜员机系统!
请输入您的卡号:
20180507
            张三,您好!欢迎使用ATM机!
请确认您的周边环境是否安全,
若安全,请继续,否则,退出!
请输入您的密码:
******
您的密码错误!请重新输入!
您还有 2 次输入机会!
请输入您的密码:
******
您的密码错误!请重新输入!
您还有 1 次输入机会!
请输入您的密码:
```

若密码输入正确,则显示如下功能菜单。

```
请按编号选择您要办理的业务:
1:取款
2:存款
3:余额查询
4:修改密码
5:查看账单
0:退卡
您要办理的业务的是:
```

若选择功能 1,则要求输入取款金额,且会显示账户余额。

```
请按编号选择您要办理的业务:
1:取款
2:存款
3:余额查询
4:修改密码
5:查看账单
0:退卡
您要办理的业务的是:1
请输入您的取款金额:
300
本次您的取款金额为:  300 元
您的账号余额为: 3200 元
本次操作成功,请按任意键返回主菜单!
请按任意键继续. . .
```

若选择功能 2,则要求输入存款金额,且会显示账户余额。

```
请按编号选择您要办理的业务:
1:取款
2:存款
3:余额查询
4:修改密码
5:查看账单
0:退卡
您要办理的业务的是:2
请输入您的存款金额:
2000
本次您的存款金额为:  2000 元
您的账号余额为: 5200 元
本次操作成功,请按任意键返回主菜单!
请按任意键继续. . .
```

若选择功能 3,则会显示当前账户余额。

```
请按编号选择您要办理的业务:
1:取款
2:存款
3:余额查询
4:修改密码
5:查看账单
0:退卡
您要办理的业务的是: 3
您的账号余额为: 5200 元
请按任意键继续. . .
```

若选择功能 4，则要求输入旧密码和新密码。

```
请按编号选择您要办理的业务:
1:取款
2:存款
3:余额查询
4:修改密码
5:查看账单
0:退卡
您要办理的业务的是: 4
请输入您的旧密码:
******
请输入您的新密码:
******
请再次输入您的新密码:
******
本次操作成功，请按任意键返回主菜单!
请按任意键继续. . .
```

若选择功能 5，则会显示当前账户的所有交易记录。

```
请按编号选择您要办理的业务:
1:取款
2:存款
3:余额查询
4:修改密码
5:查看账单
0:退卡
您要办理的业务的是: 5

您目前的账单详情如下:
序号    操作类型      金额      余额          时间
1        存款        3000      4000      2021.3.17 22:28:48
2        取款         500      3500      2021.3.17 22:28:56
3        取款         300      3200      2021.3.18 2:58:15
4        存款        2000      5200      2021.3.18 3:0:27

本次操作成功，请按任意键返回主菜单!
请按任意键继续. . .
```

若选择功能 0，则会退出程序，且在退出前保存所有账户信息。所有的账户信息都存储在数据文件"accounts.txt"中。当程序启动时，也会从该数据文件中将账户信息读取到数组 acc 中。该数据文件的内容如下所示。

```
20172035    贾英杰      123456    2500
20172119    米佳豪      123456    1000
20172133    姚源涛      123456    1000
20172179    张广凌风    123456    1000
20172242    马天乐      123456    1000
20172263    魏鑫        123456    1000
20172032    王志冉      123456    1000
20172061    陆泳吉      123456    1000
20172101    李重洋      123456    1000
20172174    向湘玲      123456    1000
20180506    徐东        666666    4500
20180507    张三        111111    5200
```

## 6. 程序清单

```c
/*   该程序的功能是：
模拟银行ATM工作原理
基本功能：取款、存款、余额查询、修改密码、查看账单、退卡
*/
#include <stdio.h>
#include <time.h>
#include <string.h>
//定义账户
typedef struct bankAccountn
{
    int id;                 //账号
    char name[32];          //账户名
    int password;           //密码
    int balance;            //余额
    char billFile[32];      //账单文件名
}BAN;

//枚举交易类型
typedef enum b_state{QU=1,CUN,ZHUAN,JIAO}b_state;

//定义账单明细信息
typedef struct billingDetails
{
    time_t time_second;     //交易时间
    b_state bill_state;     //交易类型
    int money;              //交易金额
    int balance;            //当前账户余额
}billingDetails;

#define AMOUNT 10

//初始化账户信息，从文件中读入
int initAccounts(BAN acc[]);
//输出所有账户信息，该函数只在调试过程中使用
void display(BAN acc[],int n);
//将账户信息保存到文件
int writeToFile(BAN acc[],int n);
//账户登录功能：读取卡号、密码等信息进行验证
int  login(BAN acc[],int n);

//菜单显示
void mainmenus();
//取款
int qu_kuan(BAN acc[],int cur_amnt);
//存款
int cun_kuan(BAN acc[],int cur_amnt);
//查看余额
```

```
int yu_e(BAN acc[],int cur_amnt);
//修改密码
int chang_pwd(BAN acc[],int cur_amnt);

//以"年.月.日　时:分:秒"的格式显示交易时间
void display_time(time_t tmpcal_ptr);
//追加一条账单明细信息到文件中
int append_bill(BAN acc[],int cur_amnt,billingDetails onebill);
//显示当前账户的所有账单明细信息
void display_bill(BAN acc[],int cur_amnt);
//输入密码时用"*"代替显示
int enterPwd();

int main()
{
    int curstate= 1;
    int count;
    int choice=0;
    BAN acc[AMOUNT];
    int amnt=0;
    int cur_amnt=-1;

    //读卡操作用输入卡号的方式模拟
    printf("欢迎使用 ATM 自动柜员机系统！\n");
    amnt = initAccounts(acc);
    cur_amnt = login(acc,amnt);
    if(cur_amnt==-1)
    {
        printf("您的账号或密码错误！请到柜台办理！\n");
        return 0;
    }

    //主工作界面的功能选择
    while(1)
    {
        system("cls");  //清屏，不将账户信息在屏幕上长时间显示
        mainmenus();
        printf("您要办理的业务的是：");
        scanf("%d",&choice);
        switch(choice)
        {
            case 0:writeToFile(acc,amnt);exit(0);
            case 1:curstate = qu_kuan(acc,cur_amnt);break;
            case 2:curstate = cun_kuan(acc,cur_amnt);break;
            case 3:curstate = yu_e(acc,cur_amnt);break;
            case 4:curstate = chang_pwd(acc,cur_amnt);break;
            case 5:display_bill(acc,cur_amnt); break;
            default:  break;
        }
```

```c
        if(curstate==1) printf("\n 本次操作成功，请按任意键返回主菜单! \n");
        system("pause");   //清屏，不将账户信息在屏幕上长时间显示
    }
    return 0;
}
int initAccounts(BAN acc[])
{
    int n=0;
    char filename1[20]="accounts.txt";
    FILE *fp=NULL;
    if((fp=fopen(filename1,"r"))==NULL)
    {
        printf("系统初始化错误! 无法使用该系统!!! \n");
        exit(0);
    }

    while(!feof(fp))
    {
        fscanf(fp,"%d%s%d%d",&acc[n].id,acc[n].name,&acc[n].password,
&acc[n].balance);
        n++;
    }
    fclose(fp);
    return n-1;
}
int writeToFile(BAN acc[],int n)
{
    int i=0;
    char filename1[20]="accounts.txt";
    FILE *fp=NULL;
    if((fp=fopen(filename1,"w"))==NULL)
    {
        printf("文件打开失败! 无法存储数据!!! \n");
        exit(0);
    }

    for(i=0;i<n;i++)
    {
        fprintf(fp,"%10d%10s%10d%10d\n",acc[i].id,acc[i].name,
acc[i].password,acc[i].balance);
    }
    fclose(fp);
    return n;
}
void display(BAN acc[],int n)
{
    int i;
    printf("%10s%10s%10s\n","账号","账户名","余额");
    for(i=0;i<n;i++)
```

```
        printf("%10d%10s%10d\n",acc[i].id,acc[i].name,acc[i].balance);
}

//输入密码时用"*"代替显示
int enterPwd()
{
    int tmppwd=0;
    int i=0;
    char c=' ';

    while(i<6&&(c!='\n'))
    {
        c=getch();
        putchar('*');
        tmppwd = tmppwd * 10 + c -'0';
        ++i;
    }
    getch();

    return tmppwd;
}

//账户登录功能：读取卡号、密码等信息进行验证
int  login(BAN acc[],int n)
{
    int tmpid;
    int tmppwd;
    int curid;
    int curpwd;
    char curname[32]="";
    int count;
    int cur_amnt = -1;
    int i;
    printf("请输入您的卡号：\n");
    scanf("%d",&tmpid);
    //查找账户是否存在，若不存在，则直接退出系统
    for(i=0;i<n;i++)
    {
        if(tmpid == acc[i].id)
        {
            cur_amnt = i;
            curid = tmpid;
            strcpy(curname,acc[i].name);
            curpwd = acc[i].password;
            break;
        }
    }
    if(i==n)
```

```
    {
        printf("您的卡号有误! 请到柜台办理! \n"); return -1;
    }

    //通过卡号，找到相应的账号，输出账户名，并要求输入密码
    printf("\t %s,您好! 欢迎使用 ATM 机! \n",curname);

    //可以有安全提示
    printf("请确认您的周边环境是否安全, \n");
    printf("若安全, 请继续, 否则, 退出!\n");

    printf("请输入您的密码: \n");
    tmppwd = enterPwd();

    //验证密码是否正确，最多可输入 3 次密码
    for(count=1;count<=3;count++)
    {
        if(curpwd != tmppwd)
        {
            if(count == 3)continue;
            printf("\n 您的密码错误! 请重新输入! \n");
            printf("您还有 %d 次输入机会! \n",3-count);
            printf("请输入您的密码: \n");
            tmppwd = enterPwd();
        }
        else break;
    }
    if(count>3)  return -1;
    else return cur_amnt;
}

void mainmenus()
{
    printf("请按编号选择您要办理的业务: \n");
    printf("1:取款\n");
    printf("2:存款\n");
    printf("3:余额查询\n");
    printf("4:修改密码\n");
    printf("5:查看账单\n");
    printf("0:退卡\n");
}

int qu_kuan(BAN acc[],int cur_amnt)
{
    int withdrawal=100;
    int balance = 0;
    billingDetails onebill;

    printf("请输入您的取款金额: \n");
```

```
        scanf("%d",&withdrawal);
        if(withdrawal>acc[cur_amnt].balance)
        {
            printf("您的取款金额超出了账户余额，无法完成本次操作！即将返回...\n");
            return 0;
        }
        printf("本次您的取款金额为： %d 元\n",withdrawal);

        acc[cur_amnt].balance= acc[cur_amnt].balance - withdrawal;
        balance = acc[cur_amnt].balance;
        printf("您的账号余额为： %d 元\n",balance);

        onebill.time_second = time(NULL);
        onebill.bill_state = QU;
        onebill.money = withdrawal;
        onebill.balance = balance;

        append_bill(acc,cur_amnt, onebill);
        return 1;
}
int cun_kuan(BAN acc[],int cur_amnt)
{
    int deposit=200;
    int balance =0;
    billingDetails onebill;

    printf("请输入您的存款金额：\n");
    scanf("%d",&deposit);
    printf("本次您的存款金额为： %d 元\n",deposit);

    acc[cur_amnt].balance= acc[cur_amnt].balance + deposit;
    balance = acc[cur_amnt].balance;
    printf("您的账号余额为： %d 元\n",balance);

    onebill.time_second = time(NULL);
    onebill.bill_state = CUN;
    onebill.money = deposit;
    onebill.balance = balance;

    append_bill(acc,cur_amnt, onebill);
    return 1;
}
int yu_e(BAN acc[],int cur_amnt)
{
    int balance = acc[cur_amnt].balance;
    printf("您的账号余额为： %d 元\n",balance);
    return balance;
}
```

```c
    int chang_pwd(BAN acc[],int cur_amnt)
    {
        int pwd,pwd2 ;
        int n=0;
        do{
            n++;
            printf("请输入您的旧密码: \n");
            pwd = enterPwd();
            if(pwd != acc[cur_amnt].password)
            {
                printf("您的旧密码不正确，请重新输入!\n");
            }
            else break;
        }while(n<=3);
        if(n>4) return 0;

        do{
            printf("\n 请输入您的新密码: \n");
            //scanf("%d",&pwd);
            pwd = enterPwd();
            printf("\n 请再次输入您的新密码: \n");
            //scanf("%d",&pwd2);
            pwd2 = enterPwd();
            if(pwd != pwd2)
            {
                printf("\n 您两次输入的新密码不一致，请重新输入!\n");
            }
            else
            {
                acc[cur_amnt].password = pwd;
                break;
            }
        }while(1);

        return 1;
    }

    void display_time(time_t tmpcal_ptr)
    {
        struct tm *tmp_ptr = NULL;

        tmp_ptr = localtime(&tmpcal_ptr);
        printf ("%d.%d.%d ", (1900+tmp_ptr->tm_year), (1+tmp_ptr->tm_mon),
tmp_ptr->tm_mday);
        printf("%d:%d:%d\n", tmp_ptr->tm_hour, tmp_ptr->tm_min, tmp_ptr->
tm_sec);
    }

    int append_bill(BAN acc[],int cur_amnt,billingDetails onebill)
```

```
    {
        char fname1[20];
        char fname2[20]=".txt";
        FILE *fp=NULL;
        sprintf(fname1,"%d",acc[cur_amnt].id);
        strcat(fname1,fname2);

        if((fp=fopen(fname1,"a+"))==NULL)
        {
            printf("文件打开失败！无法存储数据!!! \n");
            exit(0);
        }
        fprintf(fp,"%20d%10d%10d%10d\n",onebill.time_second,
onebill.bill_state,onebill.money,onebill.balance);

        fclose(fp);
        return 1;
    }

    void display_bill(BAN acc[],int cur_amnt)
    {
        billingDetails onebill;
        char fname1[20];
        char fname2[20]=".txt";
        FILE *fp=NULL;
        int i=1;
        sprintf(fname1,"%d",acc[cur_amnt].id);
        strcat(fname1,fname2);

        if((fp=fopen(fname1,"r+"))==NULL)
        {
            printf("文件打开失败！无法读取数据!!! \n");
            exit(0);
        }
        printf("\n 您目前的账单详情如下：\n") ;
        printf("%-5s%10s%10s%10s\t%10s\n","序号","操作类型","金额",
"余额","时间") ;
        while(!feof(fp))
        {
        fscanf(fp,"%d%d%d%d\n",&onebill.time_second,&onebill.bill_state,
&onebill.money,&onebill.balance);

            printf("%-5d",i++);
            switch(onebill.bill_state)
            {
                case QU: printf("%10s","取款");break;
                case CUN: printf("%10s","存款");break;
                case ZHUAN: printf("%10s","转账");break;
                case JIAO: printf("%10s","缴费");break;
```

```
        }
        printf("%10d%10d\t",onebill.money,onebill.balance);
        display_time(onebill.time_second);  //显示时间
    }
    fclose(fp);
    return ;
}
```

程序流程及框架　　文件函数基本介绍　　文件函数介绍　　文件函数使用　　子函数实现

# 参 考 文 献

2021 年 1 月 TIOBE 指数前 20 名热门语言[EB/OL]. [2021-01-13]. https://www.cnblogs.com/w3cschool/articles/14274506.html.

编程之美小组，2008. 编程之美：微软技术面试心得[M]. 北京：电子工业出版社.

何钦铭，颜晖，2020. C 语言程序设计[M]. 4 版. 北京：高等教育出版社.

苏小红，王宇颖，孙志刚，等，2015. C 语言程序设计[M]. 3 版. 北京：高等教育出版社.

谭浩强，2010. C 程序设计[M]. 4 版. 北京：清华大学出版社.

王景丽，姚晋丽，2016. C 语言应用案例教程[M]. 北京：清华大学出版社.

乌云高娃，沈翠新，杨淑萍，2015. C 语言程序设计[M]. 3 版. 北京：高等教育出版社.

周立功，2012. C 程序设计高级教程[M]. 北京：北京航空航天大学出版社.

左飞，李召恒，2010. C 语言参悟之旅[M]. 北京：中国铁道出版社.

JONES B L，PETER AITKEN，2003. 21 天学通 C 语言[M]. 信达工作室，译. 6 版. 北京：人民邮电出版社.

STEPHEN PRATA，2020. C Primer Plus（第 6 版）中文版[M]. 姜佑，译. 北京：人民邮电出版社.

# 附录 A　常用字符与 ASCII 值对照表

| ASCII 值 | 字符 | ASCII 值 | 字符 | ASCII 值 | 字符 | ASCII 值 | 字符 |
|---|---|---|---|---|---|---|---|
| 0 | NUT | 32 | (space) | 64 | @ | 96 | 、 |
| 1 | SOH | 33 | ! | 65 | A | 97 | a |
| 2 | STX | 34 | " | 66 | B | 98 | b |
| 3 | ETX | 35 | # | 67 | C | 99 | c |
| 4 | EOT | 36 | $ | 68 | D | 100 | d |
| 5 | ENQ | 37 | % | 69 | E | 101 | e |
| 6 | ACK | 38 | & | 70 | F | 102 | f |
| 7 | BEL | 39 | , | 71 | G | 103 | g |
| 8 | BS | 40 | ( | 72 | H | 104 | h |
| 9 | HT | 41 | ) | 73 | I | 105 | i |
| 10 | LF | 42 | * | 74 | J | 106 | j |
| 11 | VT | 43 | + | 75 | K | 107 | k |
| 12 | FF | 44 | , | 76 | L | 108 | l |
| 13 | CR | 45 | - | 77 | M | 109 | m |
| 14 | SO | 46 | . | 78 | N | 110 | n |
| 15 | SI | 47 | / | 79 | O | 111 | o |
| 16 | DLE | 48 | 0 | 80 | P | 112 | p |
| 17 | DC1 | 49 | 1 | 81 | Q | 113 | q |
| 18 | DC2 | 50 | 2 | 82 | R | 114 | r |
| 19 | DC3 | 51 | 3 | 83 | S | 115 | s |
| 20 | DC4 | 52 | 4 | 84 | T | 116 | t |
| 21 | NAK | 53 | 5 | 85 | U | 117 | u |
| 22 | SYN | 54 | 6 | 86 | V | 118 | v |
| 23 | TB | 55 | 7 | 87 | W | 119 | w |
| 24 | CAN | 56 | 8 | 88 | X | 120 | x |
| 25 | EM | 57 | 9 | 89 | Y | 121 | y |
| 26 | SUB | 58 | : | 90 | Z | 122 | z |
| 27 | ESC | 59 | ; | 91 | [ | 123 | { |
| 28 | FS | 60 | < | 92 | / | 124 | | |
| 29 | GS | 61 | = | 93 | ] | 125 | } |
| 30 | RS | 62 | > | 94 | ^ | 126 | ` |
| 31 | US | 63 | ? | 95 | _ | 127 | DEL |

# 附录 B 库 函 数

C 语言中常用的头文件包括以下几类。

- math.h：数学函数，说明一些内存操作函数（其中大多数也在 string.h 中说明）。
- stdio.h：输入输出函数，定义 Kernighan 和 Ritchie 在 UNIX System V 中定义的标准和扩展的类型和宏。还定义标准 I/O 预定义流，如 stdin、stdout 和 stderr，说明 I/O 流子程序。
- ctype.h：字符函数，包含有关字符分类及转换的名类信息（如 isalpha 和 toascii 等）。
- string.h：字符串函数，说明字符串操作和内存操作函数。
- stdlib.h：动态分配函数和随机函数，说明一些常用的子程序，如转换子程序、搜索/排序子程序等。

此外，还包括以下这些函数。

- alloc.h：说明内存管理函数（分配、释放等）。
- assert.h：定义 assert 调试宏。
- bios.h：说明调用 IBM-PC ROM BIOS 子程序的各个函数。
- conio.h：说明调用 DOS 控制台 I/O 子程序的各个函数。
- dir.h：包含有关目录和路径的结构、宏定义和函数。
- dos.h：定义和说明 MSDOS 和 8086 调用的一些常量和函数。
- error.h：定义错误代码的助记符。
- fcntl.h：定义与 open 库子程序连接时的符号常量。
- float.h：包含有关浮点运算的一些参数和函数。
- graphics.h：说明有关图形功能的各个函数，图形错误代码的常量定义，包括不同驱动程序的各种颜色值，以及函数用到的一些特殊结构。
- io.h：包含低级 I/O 子程序的结构和说明。
- limit.h：包含各环境参数、编译时间限制、数的范围等信息。
- process.h：说明进程管理的各个函数，如对 spawn 和 EXEC 函数的结构说明。
- setjmp.h：定义 longjmp()和 setjmp()函数用到的 jmp buf 类型，说明这两个函数。
- share.h：定义文件共享函数的参数。
- signal.h：定义 SIG[ZZ(Z] [ZZ)]IGN 和 SIG[ZZ(Z] [ZZ)]DFL 常量，说明 rajse 和 signal 两个函数。
- stddef.h：定义读函数参数表的宏（如 vprintf()、vscarf()函数）。
- stddef.h：定义一些公共数据类型和宏。
- sys\stat.h：定义在打开和创建文件时用到的一些符号常量。
- sys\types.h：说明 ftime 函数和 timeb 结构。

- sys\time.h：定义时间的类型 time[ZZ(Z] [ZZ)]t。
- time.h：定义时间转换子程序 asctime、localtime 和 gmtime 的结构，ctime、difftime、 gmtime、 localtime 和 stime 用到的类型，并提供这些函数的原型。
- value.h：定义一些重要常量，包括依赖于机器硬件的和为与 UNIX System V 相兼容而说明的一些常量，包括浮点和双精度值的范围。

下面列出常用的几种库函数。

### 1. 数学函数

调用数学函数时，要求在源文件中包含以下命令行：

```
#include <math.h>
```

| 函数原型说明 | 功能 | 返回值 | 说明 |
|---|---|---|---|
| int abs( int x) | 求整数 $x$ 的绝对值 | 计算结果 | |
| double fabs(double x) | 求双精度实数 $x$ 的绝对值 | 计算结果 | |
| double acos(double x) | 计算 $\cos^{-1}(x)$ 的值 | 计算结果 | $x$ 在 $-1 \sim 1$ |
| double asin(double x) | 计算 $\sin^{-1}(x)$ 的值 | 计算结果 | $x$ 在 $-1 \sim 1$ |
| double atan(double x) | 计算 $\tan^{-1}(x)$ 的值 | 计算结果 | |
| double atan2(double x) | 计算 $\tan^{-1}(x/y)$ 的值 | 计算结果 | |
| double cos(double x) | 计算 $\cos(x)$ 的值 | 计算结果 | $x$ 的单位为弧度 |
| double cosh(double x) | 计算双曲余弦 $\cosh(x)$ 的值 | 计算结果 | |
| double exp(double x) | 求 $e^x$ 的值 | 计算结果 | |
| double fabs(double x) | 求双精度实数 $x$ 的绝对值 | 计算结果 | |
| double floor(double x) | 求不大于双精度实数 $x$ 的最大整数 | 计算结果 | |
| double fmod(double x,double y) | 求 $x/y$ 整除后的双精度余数 | 计算结果 | |
| double frexp(double val,int *exp) | 把双精度 val 分解尾数和以 2 为底的指数 $n$，即 val=x*2$^n$，$n$ 存放在 exp 所指的变量中 | 返回位数 $x$，$0.5 \leqslant x < 1$ | |
| double log(double x) | 求 $\ln x$ | 计算结果 | $x>0$ |
| double log10(double x) | 求 $\log_{10} x$ | 计算结果 | $x>0$ |
| double modf(double val,double *ip) | 把双精度 val 分解成整数部分和小数部分，整数部分存放在 ip 所指的变量中 | 返回小数部分 | |
| double pow(double x,double y) | 计算 $x^y$ 的值 | 计算结果 | |
| double sin(double x) | 计算 $\sin(x)$ 的值 | 计算结果 | $x$ 的单位为弧度 |
| double sinh(double x) | 计算 $x$ 的双曲正弦函数 $\sinh(x)$ 的值 | 计算结果 | |
| double sqrt(double x) | 计算 $x$ 的开方 | 计算结果 | $x \geqslant 0$ |
| double tan(double x) | 计算 $\tan(x)$ | 计算结果 | |
| double tanh(double x) | 计算 $x$ 的双曲正切函数 $\tanh(x)$ 的值 | 计算结果 | |

### 2. 字符函数

调用字符函数时，要求在源文件中包含以下命令行：

```
#include <ctype.h>
```

| 函数原型说明 | 功能 | 返回值 |
|---|---|---|
| int isalnum(int ch) | 检查 ch 是否为字母或数字 | 是，返回 1；否则返回 0 |
| int isalpha(int ch) | 检查 ch 是否为字母 | 是，返回 1；否则返回 0 |
| int iscntrl(int ch) | 检查 ch 是否为控制字符 | 是，返回 1；否则返回 0 |
| int isdigit(int ch) | 检查 ch 是否为数字 | 是，返回 1；否则返回 0 |
| int isgraph(int ch) | 检查 ch 是否为 ASCII 码值在 ox21～ox7e 的可打印字符（即不包含空格字符） | 是，返回 1；否则返回 0 |
| int islower(int ch) | 检查 ch 是否为小写字母 | 是，返回 1；否则返回 0 |
| int isprint(int ch) | 检查 ch 是否为包含空格符在内的可打印字符 | 是，返回 1；否则返回 0 |
| int ispunct(int ch) | 检查 ch 是否为除空格、字母、数字外的可打印字符 | 是，返回 1；否则返回 0 |
| int isspace(int ch) | 检查 ch 是否为空格、制表或换行符 | 是，返回 1；否则返回 0 |
| int isupper(int ch) | 检查 ch 是否为大写字母 | 是，返回 1；否则返回 0 |
| int isxdigit(int ch) | 检查 ch 是否为 16 进制数 | 是，返回 1；否则返回 0 |
| int tolower(int ch) | 把 ch 中的字母转换成小写字母 | 返回对应的小写字母 |
| int toupper(int ch) | 把 ch 中的字母转换成大写字母 | 返回对应的大写字母 |

### 3. 字符串函数

调用字符函数时，要求在源文件中包含以下命令行：

```
#include <string.h>
```

| 函数原型说明 | 功能 | 返回值 |
|---|---|---|
| char *strcat(char *s1,char *s2) | 把字符串 s2 接到 s1 后面 | s1 所指地址 |
| char *strchr(char *s,int ch) | 在 s 所指字符串中，找出第一次出现字符 ch 的位置 | 返回找到的字符的地址，找不到则返回 NULL |
| int strcmp(char *s1,char *s2) | 对 s1 和 s2 所指字符串进行比较 | s1<s2,返回负数；s1==s2,返回 0；s1>s2,返回正数 |
| char *strcpy(char *s1,char *s2) | 把 s2 指向的串复制到 s1 指向的空间 | s1 所指地址 |
| unsigned strlen(char *s) | 求字符串 s 的长度 | 返回字符串中字符（不计最后的'\0'）个数 |
| char *strstr(char *s1,char *s2) | 在 s1 所指字符串中，找出字符串 s2 第一次出现的位置 | 返回找到的字符串的地址，找不到则返回 NULL |

### 4. 输入/输出函数

调用字符函数时，要求在源文件中包含以下命令行：

```
#include <stdio.h>
```

| 函数原型说明 | 功能 | 返回值 |
|---|---|---|
| void clearer(FILE *fp) | 清除与文件指针 fp 有关的所有出错信息 | 无 |

续表

| 函数原型说明 | 功能 | 返回值 |
|---|---|---|
| int fclose(FILE *fp) | 关闭 fp 所指的文件，释放文件缓冲区 | 出错则返回非 0，否则返回 0 |
| int feof (FILE *fp) | 检查文件是否结束 | 遇文件结束则返回非 0，否则返回 0 |
| int fgetc (FILE *fp) | 从 fp 所指的文件中取得下一个字符 | 出错则返回 EOF，否则返回所读字符 |
| char *fgets(char *buf,int n, FILE *fp) | 从 fp 所指的文件中读取一个长度为 n-1 的字符串，将其存入 buf 所指储区 | 返回 buf 所指地址，若遇文件结束或出错则返回 NULL |
| FILE *fopen(char *filename, char *mode) | 以 mode 指定的方式打开名为 filename 的文件 | 成功则返回文件指针（文件信息区的起始地址），否则返回 NULL |
| int fprintf(FILE *fp, char *format, args,…) | 把 args,…的值以 format 指定的格式输出到 fp 指定的文件中 | 实际输出的字符数 |
| int fputc(char ch, FILE *fp) | 把 ch 中字符输出到 fp 指定的文件中 | 成功返回该字符，否则返回 EOF |
| int fputs(char *str, FILE *fp) | 把 str 所指字符串输出到 fp 所指文件 | 成功则返回非负整数，否则返回-1（EOF） |
| int fread(char *pt,unsigned size, unsigned n, FILE *fp) | 从 fp 所指文件中读取长度 size 为 n 个的数据项存到 pt 所指文件 | 读取的数据项个数 |
| int fscanf (FILE *fp, char *format, args,…) | 从 fp 所指的文件中按 format 指定的格式把输入数据存入 args,…所指的内存 | 已输入的数据个数，遇文件结束或出错则返回 0 |
| int fseek (FILE *fp,long offer,int base) | 移动 fp 所指文件的位置指针 | 成功则返回当前位置，否则返回非 0 |
| long ftell (FILE *fp) | 求出 fp 所指文件当前的读写位置 | 读写位置，出错则返回 -1L |
| int fwrite(char *pt,unsigned size, unsigned n, FILE *fp) | 把 pt 所指向的 n*size 字节输入到 fp 所指文件 | 输出的数据项个数 |
| int getc (FILE *fp) | 从 fp 所指文件中读取一个字符 | 返回所读字符，若出错或文件结束则返回 EOF |
| int getchar(void) | 从标准输入设备读取下一个字符 | 返回所读字符，若出错或文件结束则返回-1 |
| char *gets(char *s) | 从标准设备读取一行字符串放入 s 所指存储区，用'\0'替换读入的换行符 | 返回 s，出错则返回 NULL |
| int printf(char *format,args,…) | 把 args,…的值以 format 指定的格式输出到标准输出设备 | 输出字符的个数 |
| int putc (int ch, FILE *fp) | 同 fputc | 同 fputc |
| int putchar(char ch) | 把 ch 输出到标准输出设备 | 返回输出的字符，若出错则返回 EOF |
| int puts(char *str) | 把 str 所指字符串输出到标准设备，将'\0'转成回车换行符 | 返回换行符，若出错则返回 EOF |
| int rename(char *oldname,char *newname) | 把 oldname 所指文件名改为 newname 所指文件名 | 成功则返回 0，出错则返回-1 |
| void rewind(FILE *fp) | 将文件位置指针置于文件开头 | 无 |
| int scanf(char *format,args,…) | 从标准输入设备按 format 指定的格式把输入数据存入 args,…所指的内存 | 已输入数据的个数 |

5. 动态分配函数和随机函数

调用字符函数时，要求在源文件中包含以下命令行：

```
#include <stdlib.h>
```

| 函数原型说明 | 功能 | 返回值 |
| --- | --- | --- |
| void *calloc(unsigned n,unsigned size) | 分配 n 个数据项的内存空间，每个数据项的大小为 size 字节 | 分配内存单元的起始地址；如不成功，则返回 0 |
| void *free(void *p) | 释放 p 所指的内存区 | 无 |
| void *malloc(unsigned size) | 分配 size 字节的存储空间 | 分配内存空间的地址；如不成功，则返回 0 |
| void *realloc(void *p,unsigned size) | 把 p 所指内存区的大小改为 size 字节 | 新分配内存空间的地址；如不成功，则返回 0 |
| int rand(void) | 产生 0～32767 的随机整数 | 返回一个随机整数 |
| void exit(int state) | 程序终止执行，返回调用过程，state 为 0 则正常终止，非 0 则非正常终止 | 无 |